纺织服装高等教育"十二五"部委级规划教材
服装设计与工程国家特色专业建设教材
山东省"十一五"教育科研规划项目研究成果

服装制版 CAD

王秀芝　编著

U0377587

东华大学 出版社

图书在版编目(CIP)数据

服装制版 CAD/王秀芝编著. —上海：东华大学出版社，
2011.11
ISBN 978 - 7 - 81111 - 971 - 8

Ⅰ. ①服… Ⅱ. ①王… Ⅲ. ①服装量裁—计算机辅
助制版 Ⅳ. ①TS941.2

中国版本图书馆 CIP 数据核字(2011)第 241025 号

责任编辑　杜亚玲
封面设计　杨　军

服装制版 CAD
王秀芝　编著
东华大学出版社出版
(上海市延安西路 1882 号　邮政编码：200051)
新华书店上海发行所发行　　苏州望电印刷有限公司印刷
开本：787×1092　1/16　印张：13　字数：343 千字
2012 年 1 月第 1 版　　2020 年 7 月第 4 次印刷
ISBN 978—7—81111—971—8
定价：29.00 元

《服装制版 CAD》教材简介

　　本书主要介绍了服装制版基础知识、服装 CAD 基础知识、服装 CAD 软件操作界面及工具介绍、服装 CAD 打版实践案例、服装 CAD 推版实践案例等方面的内容。这些内容都是学生要成为服装专业技术人才的基础知识和技能。本书结构严谨,图例精细,重点突出,可操作性较强,配有大量的服装制版知识和服装推版实例供读者操作练习。另外,随书附送的光盘里配有大量的实例操作演示,给读者的学习带来了极大的方便。

　　本书具有图文并茂、通俗易懂和实用性强等特点。可作为服装高等本科院校、高等专科院校、高等职业院校等相关专业学生学习用书,也可作为服装企业工作者的技术培训教材,对广大的服装爱好者具有一定的参考价值。

目 录

第一章

概　述

第一节　服装制版基础知识

1. 服装制版概念及流程

1.1　服装制版概念

服装制版是绘制符合服装工业化要求,有利于提高生产效率,保证产品质量的样板的过程。服装制版主要有人工制版法和计算机制版法。

人工制版法主要是指使用一些简单、直观的常用和专用工具。进行制版的方法以比例法和原型法两种为主。比例法以成品尺寸为基数,对衣片内在结构的各部位进行直接分配。原型法按照款式要求,通过加放或缩减制得所需要的纸样。

计算机制版则是人直接与计算机进行交流,它依靠计算机界面上提供的各种模拟工具在绘图区制出需要的纸样,由于是模仿人工制版法,所以采用的方法也是比例法和原型法。

1.2　服装制版流程

① 分析订单;

② 分析样品;

③ 确定中间标准规格;

④ 确定制板方案;

⑤ 绘制中间规格的纸样;

⑥ 封样品的裁剪、缝制和后整理;

⑦ 依据封样意见共同分析和 会诊;

⑧ 推版;

⑨ 检查全套纸样是否齐全;

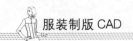
⑩ 制定工艺说明书和绘制一定比例的排料图。

2. 服装制版术语

(1) 原型样版:指上衣、袖子、裙子、裤子等基本样版,不加任何设计因素,一般不加放缝份。

(2) 工业样版:指已经修改完善后的样版,包括完成整套服装的所有样片,并加有缝份、剪口等记号,用于推版与排料。

(3) 推版:按相应的规格系列尺寸,将标准版成比例的放大或缩小。

(4) 省道:服装样版上将缝合或剪掉的楔形部分,这是使布料合体的方法。

(5) 褶裥:衣服要折进去的部位,与省不同的是一端封死,一端放开。

(6) 缝份:为了缝合两块布料在样版边缘加出的量。

(7) 剪口:在缝份上加的切口,是缝合裁片时的吻合记号。

(8) 孔眼:在样版上开一个小孔,表示省尖或袋位等标记。

3. 服装号型规格

我国系统的国家服装标准《中华人民共和国标准 服装号型》由国家技术监督局于 1991 年 7 月 17 日发布,1992 年 4 月 1 日实施,分男子、女子和儿童三种标准。它们的标准代号是:GB1335.1—91,GB1335.2—91 和 GB/T1335.3—91。1997 年 11 月 13 日重新修订,1998 年 6 月 1 日实施。新修订的标准仍然分男子、女子、儿童三种标准,标准代号:GB/T 1335.1—1997,GB/T 1335.2—1997,GB/T 1335.3—1997。

国家标准根据人体(男子、女子)的胸围与腰围的差数,将体型分为四种类型,它的代号为 Y、A、B 和 C。

男子体型分类代号及范围

体型分类代号	Y	A	B	C
胸围和腰围之差数(cm)	22~17	16~12	11~7	6~2

女子体型分类代号及范围

体型分类代号	Y	A	B	C
胸围和腰围之差数(cm)	24~19	18~14	13~9	8~4

身高以 5 cm 分档,分成 7 档。

胸围、腰围分别以 4 cm、3 cm、2 cm 分档。

身高与胸围、腰围搭配分别组成 5.4,5.3 和 5.2 系列。

第二节 服装 CAD 基础知识

1. 服装 CAD 概况

（1）服装 CAD 概念

服装 CAD 是服装计算机辅助设计（Computer Aided Design）的简称，集计算机图形学，数据库、网络通讯等计算机及其它领域的知识于一体，是服装设计师在计算机软硬件系统支持下，通过人机交互手段，在屏幕上进行服装设计的一项专门的现代化高新技术。

（2）服装 CAD 发展史

服装 CAD 是于 20 世纪 60 年代初在美国发展起来的，目前美国、日本等发达国家的服装 CAD 普及率已达到 90％以上。我国的服装 CAD 技术起步较晚，但发展的速度很快。目前国内开发的 CAD 软件已达到国外的先进水平，某些方面甚至超过了国外的技术水平。在普及方面，由于国内的软件成本低于国外的软件，所以推广的速度很快。

（3）服装 CAD 国内外现状

① 国外发展状况

20 世纪 60 年代初，美国率先将 CAD 技术应用于服装加工领域并取得了良好的效果。在世界各国拥有数千用户的格柏（Gerber）公司占据了服装 CAD 技术的领先地位，并形成了新的技术产业。于 70 年代起，一些技术发达国家也纷纷向这一领域进军，取得了较好的成效。在国际上影响较大的有法国的力克（Lectra）、西班牙的艾维（Investronica）、美国的 PGM、、日本的重机 Juki，另外新发展的在欧美服装企业界享有盛誉的德国的艾斯特（assyst）系统，拥有服装 CAD/CAM 系统的"奔驰"美称。

② 国内现状

我国服装 CAD 技术起步较晚，但发展速度较快，20 世纪 80 年代初，我国服装业在引进国外先进技术的同时，不失时机的对服装 CAD 技术进行开发与研究，到目前为止已占据国内外相当一部分市场，并在几届"国际服装机械展览会"上形成与国外先进技术相媲美的局面。现在全国共有服装 CAD 系统二十多家，如航天（Arisa）、日升（NAC）、爱科（ECHO）、樵夫等系统。

（4）服装 CAD 技术的发展趋势

服装 CAD 技术的成功应用不仅促进了服装工业的现代化，也为计算机应用技术的深入发展开拓了一个广阔的领域，形成了一个新的高技术产业。当前服装计算机辅助技术及其相关技术的发展趋势已是立体化、智能化、集成化、自动化、网络化和人性化。

① 从平面设计到三维立体设计

服装的合体化一直是服装设计师追求的重要目标，也是提高服装产品市场竞争力的重要

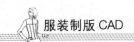

因素,有关专家认为,由平面设计到立体设计是解决上述问题的有效措施,如何应用计算机图形学和几何学的最新成果,尽快实现三维服装 CAD 是该技术研究的重要课题之一。

美国 CDI 公司以其在计算机图形学方面的雄厚技术基础,对三维服装设计软件进行了多年的开发和研究,该公司推出的 LONCEPT3D 服装设计系统具有建立三维动态人体模型,直观的表现服装各个侧面的立体效果,产生布料悬垂立体效果,在屏幕上逼真的显示穿着效果的三维彩色图像及将立体设计近似的展开为平面衣片图等功能。此外,还有法国、日本等国的专家们对人体的三维形体及运动效应进行的严格的理论分析与研究,已逐步形成计算机人体工程学这一新学科。

② 智能化服装 CAD 系统

随着新一代计算机和人工智能技术的迅速发展,知识工程、专家系统将逐渐渗透到服装 CAD 系统中,专家系统中可以存储经过事先总结并按某种形式表示的专家知识(构成专家知识库)以及拥有类似于专家解决实际问题的推理机制(组成推理机系统)。系统能对输入信息进行处理,并运用知识推理,做出决策和判断,其解决问题的水平可达到专家的水平,因此能起到专家的作用或作为专家的助手。例如西班牙 Investronica 公司的智能自动排料功能,除系统设置的排料方案外,操作者利用交互排料的优化方案,系统可存储、添加到自动排料方案中,这样系统就具备了一种"学习"功能,系统反复使用,功能就会越来越强。

③ 从 CAD 到 CIMS

据世界各国工业技术专家预测,加工业总的趋势是向 CIMS 发展,服装业作为新兴的加工制造业也不会例外。计算机集成制造系统(Computer Integrated Manufacturing System)是从 CAD 技术向纵深发展的主要方向。它采用先进的信息技术、计算机技术、自动化技术和综合管理技术等将信息、设计、制造、管理、经营等通过新的生产模式、工艺理论、计算机网络等有机的集成起来,即为计算机集成制造技术(CIMS)。无论是作为世界先驱的美国 Gerber 公司,还是后起之秀的法国 Lectra 等都把开发目标对准了 CIMS 系统。于是与服装 CAD 技术相关的现代技术都得到迅速的发展,例如信息处理系统(GIS)、计算机辅助制造(CAM)、计算机辅助工艺规程设计(CAPP)、柔性加工系统(FMS)等。实现 CIMS 不仅使产品从设计、加工、管理到投放市场所需要的时间降低到最低限度,产品质量得到有力保障,同时也会使生产成本降至最低。

④ 自动量体和试衣系统

随着服装生产方式从批量向小批量多品种以至单件生产的方式发展,将使服装的功效方式也发生改变。西班牙 Investronica 公司研制的 Tailoring 系统,从顾客选定款式、面料,对顾客进行人体尺寸测量,经过自动样片设计、放样、排料、自动单片裁片机、单元生产系统,到高速高质量的完成顾客所需要的服装制作,是一个高度自动化的面向顾客服装制作系统。随着人们对服装合体性要求不断提高,这种面向顾客的量体、裁衣系统将会受到越来越广泛的重视。

⑤ 数字时代互联网给 CAD 技术带来新生

服装 CAD 的网上推广、网上安装、网上使用、网上维护、网上虚拟设计等已成为服装 CAD

技术发展的热点。在信息时代,在互联网环境下信息快速广泛的传递,设计师在用户的参与下进行互动式设计,服装企业真正实现了"每个款式只生产一件"的模式,消费者也体验着身临其境的个性化心理感受。

2. 服装 CAD 系统软件构成

(1) 款式设计系统

① 二维服装款式设计

其功能为:通过选择系统提供的绘画工具和调色板绘制新图案、时装画、款式图、效果图。系统内有丰富的款式库、面料库、配饰库等。可以通过绘制、彩色扫描仪扫描、摄影机、录像机、数码相机摄入新图样来扩充图库,也可从网上下载有价值的资料来扩充图库。

② 三维服装款式设计

三维服装款式设计不但具有二维款式设计的系统功能,而且款式设计系统提供的三维立体着装效果更是用手工无法完成的,大大提高了设计师的设计水平和生产的效率。

(2) 样版结构设计系统

样版结构设计系统是设计师利用计算机进行结构设计和制作工业样版的工具。样版结构设计系统有原型设计样版法、直接设计样版法、自动设计样版法、输入衣片样版法。

(3) 样版推档设计系统

衣片放码是在基样衣片的基础上完成各种号型样版的放缩和绘制。衣片的放码有交互式放码和全自动放码。交互式放码有点放码、切开线放码,是把样片上的放码点按指定的档差进行放码;自动放码只需输入规格尺寸,系统自动完成。

(4) 排料系统

分为对话式排料和全自动式排料。对话式排料指由操作者操作各种不同种类及不同号型的衣片,通过平移、旋转、比例、翻转等形式来形成排料图,计算机同时计算每次排料结果的面料利用率。自动式排料指计算机按用户事先指定的方式来自动配置衣片,让衣片自动寻找合适位置靠拢已排衣片或布料边缘。其速度快,但没有对话式方式面料利用率高。计算机排料可多次试排,寻找最佳方式,而且精确度高,不会漏排。

(5) 款式工艺图及工艺单设计系统

该系统用于辅助制定生产工艺说明书。可进行款式图、样片的结构关系图、缝制方式示意图及文字、表格的绘制,它与款式设计不同。

(6) 电脑试衣

本系统是利用建立在各种款式数据库基础上,为不同体型、不同要求的人进行快速的样衣试穿,人体轮廓通过摄像仪或数码相机输入。

(7) 款式数据库管理及联网管理系统

本系统用于对款式效果图、工艺结构图、样版、排料单、生产工艺单、客户档案等各种数据库进行智能化的网络管理。

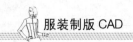

3. 服装 CAD 系统的硬件构成

服装 CAD 系统中包括许多硬件设备。CAD 系统硬件设备大致可以分为输入设备、电脑、输出设备三类。

常见的输入设备有数字化仪，也称为数字化读入设备，相当于一个大型扫描仪，其功能是在 10~15 min 内将一套衣服的样版精确地输入电脑，进行编辑后，就可以用于生产。还有扫描仪，用来扫描款式效果图或面料。而数字化纸样读入仪可以用来读取手工绘制的纸样。另外还有数码相机、摄像机等。

就电脑而言，CAD 软件供应商一般对电脑系统配置提出推荐性要求，以便能更好呈现 CAD 制图效果。

常见的输出设备有打印机、绘图机、裁床等。打印机主要包括生成系统报告的彩色喷墨打印机或激光打印机。绘图机是把计算机产生的图形用绘图笔绘制在绘图纸上的设备。裁床可连接在 CAD 上直接进行裁剪，具有裁割路径智能化、刀具智能化等特点。

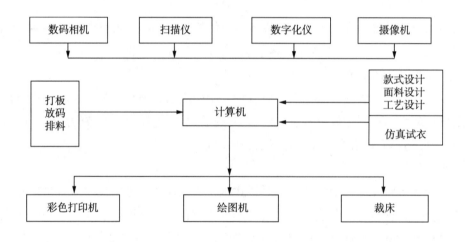

第三节　PGM 打版软件介绍

1. 软件介绍

PGM 样版设计软件能够简单快捷的输入现在已有的纸样。最复杂样版的所有细节都可以毫无遗漏的保存。只需要很少的几个点就可以保证同原始样版曲线的吻合。任何样版都可以在几秒钟之内完成描图。

放码推档系统：是 CAD 效益最为明显的模块之一。可以把手工需要 4~5 h 完成的放码工作，通过放码系统，只需要 10 min 左右完成，提高效率几十倍。放码推档系统拥有多种放码方式,如点放码、角度放码等,可以对每一个放码点进行放码,也可以将放码值复制到其它放码点上,系统可以根据放码点的位置,自动判断放码的方向。

2. 安装软件

(1) 软件运行环境:在安装软件前,确保您的电脑配置可以满足软件运行的最低要求。

① 最低需求

奔腾处理器

内存:16 MB

系统:Microsoft Windows 95

硬盘:150MB

显示器:SVGA 15"分辨率:800×600,256 色

1 个并行口,一个串行口

② PGM 推荐配置

Pentium II – 350

内存：64MB

Microsoft Windows™ 95 or Windows 98 or Windows NT

硬盘:150MB

4 MB memory AGP 显卡

17"显示器,分辨率:1024×768,256 色

一个并行口,一个串行口

USB 端口

(2) 软件安装

启动 Windows xp

将 CD 插入光驱

出现安装屏幕

选择安装

选择安装时的语言

选择软件语言

显示安装目录对话框,有一个默认的目录,点击浏览或选择默认的目录

选择需要安装的选项

安装完毕后,弹出一感谢对话框,点击 OK,PDS 和 Marker 的图标出现在桌面上,双击图标,打开软件。首次安装时,必须重新启动电脑(如果是对原有软件升级就不需要重新启动电脑)。

3. 界面介绍

打开打版软件，可以看到如下的主界面（图1－3－1）。

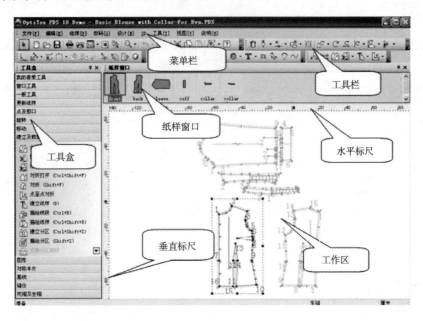

图1－3－1

整个界面分为菜单栏区、工具栏区、工具盒区、纸样窗口和工作区五个区域。

菜单栏区中，各选项可以根据实际需要选择不同的内容；工具栏区是为了操作方便，将常用工具都放置于界面上；工具盒区更是为了适合不同人的使用习惯，将工具放置在此区域，可显示或隐藏；纸样窗口是把已完成的经过更新后的纸样放在此区域，可以使操作者一目了然，知道打版的进程；工作区则是进行绘制的主要区域，就像手工打版中的白纸，让操作者在此区域根据服装的款式和选中的基码进行打版设计。

在主界面中还有两条相交的标尺，一般标尺是默认的，如主界面中的标尺被隐藏，可选中菜单栏中的"视窗"—"直尺"，则在视窗中就会出现标尺（图1－3－2）。

标尺的作用：一是可以按照标尺的刻度来估算样版的大小，但精确的数据还需要通过输入实际数据来获得；另一个作用是可以通过按住鼠标左键，从水平标尺区域中拖出水平辅助线，从垂直标尺区域中拖出垂直辅助线。

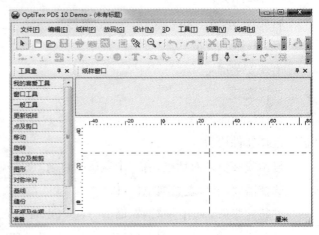

图1－3－2

4. 参数设定

在菜单栏中,按住鼠标左键点开"工具",打开下拉菜单里的"其余设定",见图1—3—3。在"其余设定"里可以设定参数,这里主要介绍几种常用参数的设定方法。

打版前,首先进行单位的设定,如厘米、英寸等,还可以选择公差级别。只需在"其余设定"—"主要部分"—"工作单位",设定单位及公差即可。

图1—3—3

图1—3—4

打版过程中如果在进行"移动点"等工具时无法弹出对话框输入数据,则只需在"其余设定"—"确认及警告"里,将开启移动点对话框打上勾即可,见图1—3—4。

"其余设定"里还可以进行颜色的设定。

在"一般"颜色标签中,有些选项可以改变界面中某些区域中的颜色(图1—3—5)。

图1—3—5

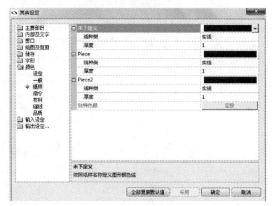

图1—3—6

① 可以将"背景"设为白色,代表"工作区"是白色的。

② 可以将"辅助线"设为黑色。

③ 在"放码点颜色"里可进行放码点颜色的设定。

选择"其余设定"—"颜色"—"纸样",可以进行"线型"和"厚度"的设定(图1—3—6)。

第二章

打板工具介绍

第一节　各工具盒介绍

我的喜爱工具

- ➤ 选择工具 (End)
- ↗ 点古图形 (D)
- ⬧ 死褶 (Ctrl+Alt+D)
- 缝份 (S)
- 草图 (D)

一般工具

- ➤ 选择工具 (End)
- 选择内部 (Shift+I)
- 删除 (Backspace)
- T 文字 (T)
- 长度 (Ctrl+D)
- 按排工作区 (Ctrl+K)

窗口工具

- 开新文件 (Ctrl+N)
- 开启 (Ctrl+O)
- 储存 (Ctrl+S)
- 复原 (Ctrl+Z)
- 再作 (Ctrl+Y)
- ✂ 裁剪 (Ctrl+X)
- 复制 (Ctrl+Ins)
- 黏贴 (Shift+Ins)
- 报告现用文件至 Excel\Excel报告
- 打印 (Ctrl+P)
- 绘图 (Ctrl+L)
- 读图
- ? 帮助索引 (F1)

点及剪口

- 点古图形 (D)
- 加入点 (Shift+O)
- 加剪口 (N)
- 加入剪口于点上 \N剪口于点上 (Shift+N)
- 在图形加入点于剪口位置 (Ctrl+Shift+N)
- 剪口放码
- 钮位 (Ctrl+Alt+B)
- 线于钮位上
- 加入线

图形

- 草图 (D)
- 切线圆形 (Ctrl+Shift+Alt+C)
- 弧形 (A)
- ∿ 波浪形
- 圆角 (Ctrl+R)
- 顺滑
- 合并图形 (Shift+J)
- 分离图形
- 延伸图形
- 延长内部 (E)
- 整理 (Shift+T)
- 描绘及整理 (Ctrl+Shift+T)
- 线于线段之间
- 交换线段
- 建立平行 (P)
- 平行延长 (Shift+P)

移动

- ✦ 移动点 (M)
- 沿着移动 (Shift+M)
- 按比例移动 (Ctrl+M)
- 移动固定线段(平行移动) (Ctrl+Shift+M)
- 移动点 (Ctrl+Alt+M)
- 多个移动 (Q)
- 移动副线段
- 旋转副线段
- 移动纸样
- 移动纸样至纸样
- 移动及复制内部 (I)
- 步行 (W)
- 对齐点 (G)
- 垂直对齐
- 水平对齐
- 按角度对齐
- ⊙ 圆形 (Ctrl+Alt+C)
- 三点圆形
- 圆形至图形
- 过度裁剪孔洞

对称半片

- 设定对称线 (Ctrl+Alt+H)
- 设定半片 (H)
- 开启半片 (Shift+H)
- 关闭半片 (Ctrl+H)

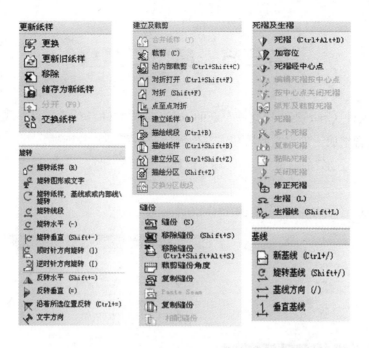

第二节　我的喜爱工具盒

　　我的喜爱工具盒是 PDS.10 打版系统中特设的个性化工具盒,使用者可以将自己喜爱的并且常用的工具从其它工具盒中复制,粘贴到我的喜爱工具盒中进行使用。如图 2－2－1 所示,将移动工具盒里面的工具"移动点"复制粘贴到"我的喜爱工具"中,只要鼠标右击工具"移动点",在弹出的下拉菜单中左击复制,返回"我的喜爱工具"盒,右击鼠标,选择粘贴即可。

图 2－2－1

第三节 窗口工具盒

1. 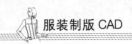开新文件(Ctrl+N):建立一个新的 PGM 纸样文件,PGM 文件扩展名为:DSN。一个 DSN 文件包含组成一件完整的服装或其他缝制产品所必要的纸样。点击工具"开新文件"后,出现一个"开长方形"的对话框,可以输入纸样名称及长和宽,或点击"取消"忽略此对话框(图 2—3—1)。

2. 开启(Ctrl+O):打开已有的 PGM 纸样(图 2—3—2)。

图 2—3—1　　　　　　　　　　　　　　图 2—3—2

3. 储存(Ctrl+S):可将屏幕上的文件以当前的文件名存储在当前路径下,并取代旧文件。如果建立了新的文件,但是并没有储存,电脑会跳出一个对话框,要求输入文件名。

4. 复原:用于删除对于纸样的最近 20 次的操作,不能撤消"打开文件"操作。

5. 再作(Ctrl+Y):改变所有"撤消"操作。

6. 裁剪:用于从文件中剪切纸样,剪切下的纸样放置在剪贴板上,直到被另外的文件所取代。常用于从现有的款式文件中剪切一个纸样,粘贴到其他的款式文件中。

7. 复制:复制纸样。此命令有四个选项:复制当前纸样;复制工作区域;复制被激活纸样;复制所有纸样。这些选项都是将选定纸样复制到剪贴板上,然后使用粘贴纸样命令将其粘贴到新 DSN 文件上,或三维排料软件上。

8. 黏贴:将最后一个剪切或复制到剪贴板上的纸样粘贴到另一个文件。

9. 报告现用文件至 Excel 报告:使用该工具可以导入 Excel 表格,但此工具只能在企业版中使用,教学版中不起作用。

10. 打印:使用"打印"工具激活"打印对话框"。

11. 绘图:使用"绘图"工具激活"绘图对话框"。

12. 读图：使用"读图"工具激活"读图对话框"。

13. 帮助索引：使用"帮助索引"可获取任何一项关于 PDS 软件的说明。

第四节　一般工具盒

1. 选择工具(End)：也叫箭头工具，用于选取纸样、点和线段。双击该工具则刷新屏幕；也可单击鼠标右键，左键选择弹出菜单里的"选择工具"，选取此工具。

2. 选择内部(Shift＋I)：用鼠标左键拖拉矩形，选择纸样内部对象。

3. 删除(Backspace)：此工具可删除纸样上的点、牙口、省道和其他的内部物件。

注意：删除曲线点时可能会改变曲线形状。如果想撤销删除动作，选取"编辑"菜单下的"复原删除"命令即可。

4. 文字(T)：用于添加文本，添加纸样的相关信息以辅助切割程序，这些文本信息可以在 PDS 或 Mark 里打印出来。

注意：纸样的一些基本信息，如名称、款式名称、编码、简述、尺寸和序号等不需要使用文本工具，可直接在"纸样资料"对话框里记录。这些资料由 Mark 控制，决定是否打印。

操作步骤：点击"文字"工具，光标由箭头变成文本形式；将光标移动到纸样某一位置，单击鼠标；弹出"Text"对话框时，输入相应的信息；点击确定，可以看见相应的文字。

注意：可以在"特性"里更改文字的内容、尺码、角度、粗体、位置等信息(图 2—4—1)。

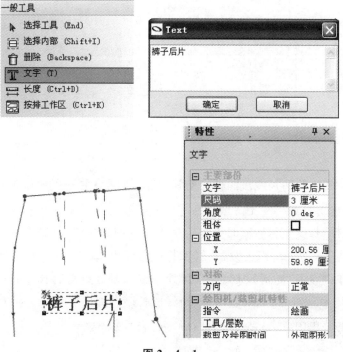

图 2—4—1

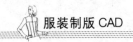
5. ▤长度(Ctrl＋D):用于测量线段的长度。

操作步骤:按顺时针点击线段的起点和终点,弹出"尺寸对话盒"并显示尺寸。如若想修改尺寸,则点击"尺寸对话盒"中的"编辑线段长度",在弹出的"线段长度"对话框中输入所需的长度,并且在"延长"里选择长度修改的方式即可(图2—4—2)。

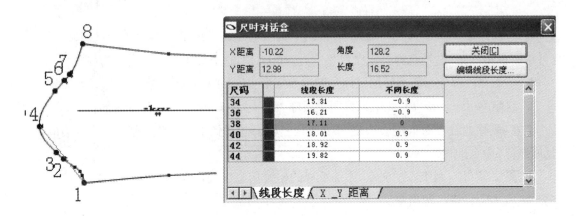

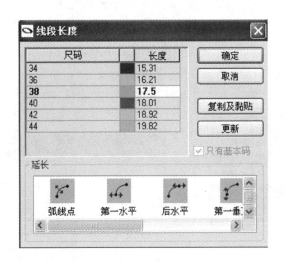

图2—4—2

该工具也可用于修改两条线段的长度使其相等。如要求袖子的袖山弧长与衣片的袖窿弧长相等,则可使用该工具。

操作步骤:选择"长度"工具,顺时针点击袖子的后袖山弧线,见图2—4—3,弹出"尺寸对话盒",显示尺寸为21.27 cm,点击"编辑线段长度",弹出"线段长度"对话框,点击"复制及粘贴",在弹出的菜单中点击"复制",确定后关闭窗口。顺时针点击后衣片的袖窿弧线,弹出"尺寸对话盒",显示尺寸为21.14 cm,点击"编辑线段长度",弹出"线段长度"对话框,点击"复制及粘贴",在弹出的菜单中点击"粘贴长度",确定后关闭窗口。

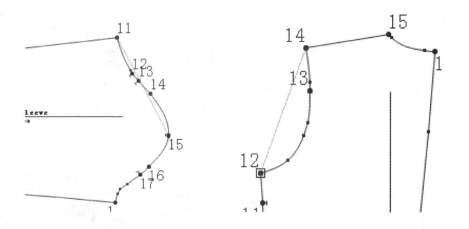

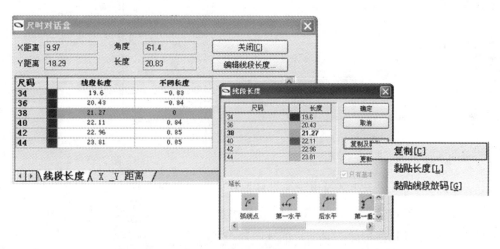

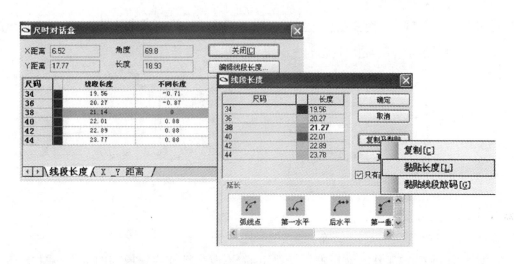

图 2—4—3

6. 安排工作区(Ctrl＋K)：安排工作区内的纸样，与"文件"菜单中"安排绘图"有关。

第五节　更新纸样工具盒

1. 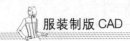更换:用工作区域里现有纸样直接取代纸样栏里的原有纸样,工作区域的纸样不产生变化。图 2-5-1 和图 2-5-2 所示分别是使用此工具前后的视图效果。

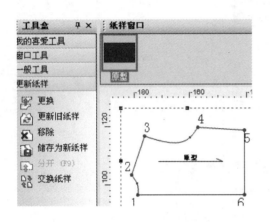

图 2-5-1

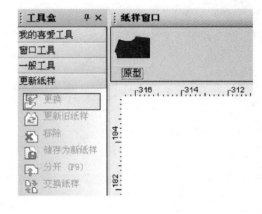

图 2-5-2

2. 更新旧纸样:用工作区域里现有纸样取代纸样栏里的原有纸样。此命令可以清除工作区域里的所选纸样,并用修改过的纸样更新原有纸样,可保留修改过的纸样。图 2-5-3 和图 2-5-4 所示分别是使用此工具前后的视图效果。

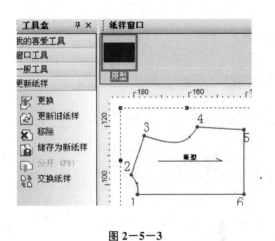

图 2-5-3

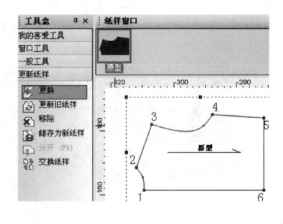

图 2-5-4

3. 移除:将当前工作区域里的纸样移走,而不改变纸样栏里原来的纸样。图 2-5-5 和图 2-5-6 是移除前后的视图效果。

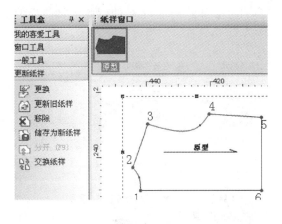

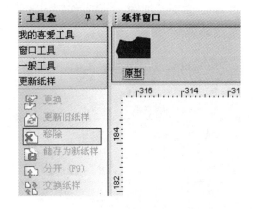

图 2—5—5 | 图 2—5—6

4. 储存为新纸样:将纸样从工作区域里移开,同时将此纸样放在纸样栏里。如果此纸样发生了改变,此命令可生成改变后的纸样。图 2—5—7 和图 2—5—8 是使用此工具前后的视图效果。

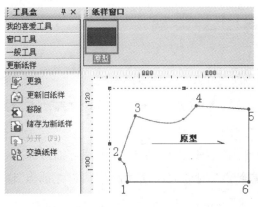

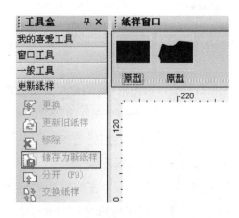

图 2—5—7 | 图 2—5—8

5. 分开:以更换旧状态的形式将工作区域里现有纸样取代纸样栏里的原有纸样(图 2—5—9)。功能等同 F9 键。

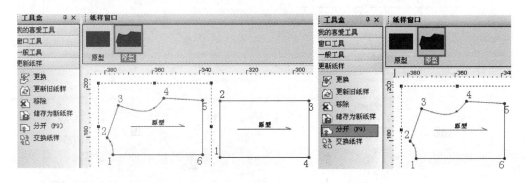

图 2—5—9

6. 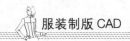交换纸样：交换工作区内的纸样。图 2—5—10 和图 2—5—11 是使用此工具前后的视图效果。

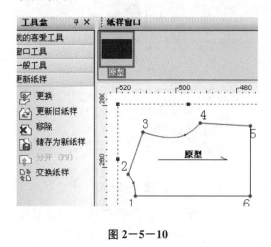

图 2—5—10

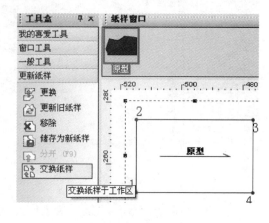

图 2—5—11

第六节　点及剪口工具盒

1. 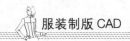点古图形：使用此工具可在纸样轮廓上添加点，可自己决定点的类型。

操作步骤：选择"点古图形"工具，将此工具移至需要加点处，单击鼠标，弹出"移动点"对话，要求确定前一点到所增加的后一点的距离，单击"确定"。

如制作原型，线段 1—2 为上水平线，1—4 线为后中心线，在线段 2—3 上确定袖窿深点，选择工具"点古图形"，在线段 2—3 上点击，弹出"点特性"对话框，勾选"放码"，在"之前点"输入数据 21.5，确定即可（图 2—6—1）。

注意："之前点"和"之后点"是按照顺时针区分的。

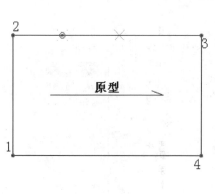

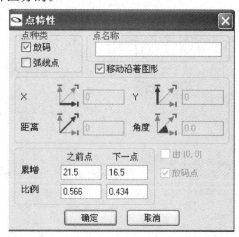

图 2—6—1

2. 加入点：使用此工具可在纸样旁边加点。这个工具会改变纸样的形状。当在纸样轮廓的外或轮廓内加点时，最靠近此点的线段跳至点上，改变纸样的形状，使原来的线段变成两段。

操作步骤：选择"加入点"工具，将此工具移动到欲添加点的区域，单击鼠标，出现"移动点"对话框，即可确定添加所选择点的绝对 x、y 值的距离，单击确定（图 2-6-2）。

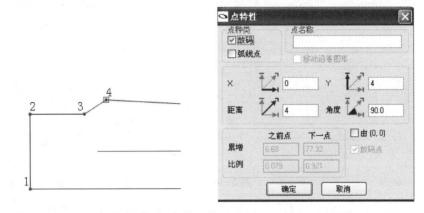

图 2-6-2

3. 加剪口：使用此工具可在纸样上添加剪口。

操作步骤：选择"加剪口"工具，将此工具移至添加剪口处，单击鼠标（图 2-6-3）。

注意：可在"特性"里根据实际需要修改剪口的参数，如剪口的种类、尺寸、对条调整、放码、角度、绘图等。

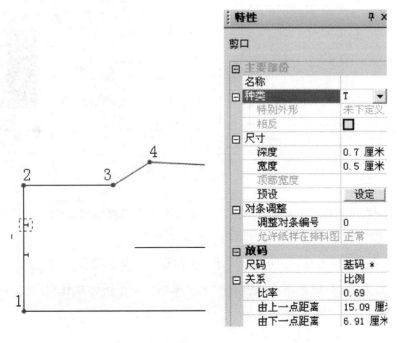

图 2-6-3

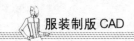

4. ⌐加入剪口:在已有的点上添加剪口。与"加剪口"工具不同之处是必须有一个点,而无点的轮廓则不可使用(图2—6—4)。

5. ⌐在图形加入点于剪口位置:为轮廓线上已有的剪口添加放码点。图2—6—5和图2—6—6是使用该工具前后的视图效果。

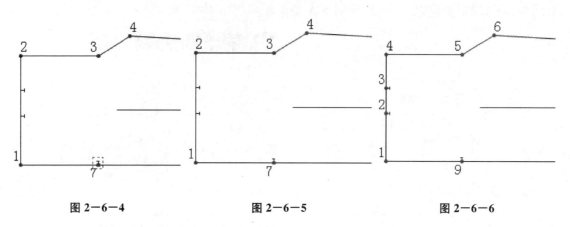

图2—6—4　　　　　　　　图2—6—5　　　　　　　　图2—6—6

6. ⌐剪口放码:做过剪口后再针对某个放码点分别输数值进行剪口距离调整。

操作步骤:如在已放过码的纸样上作有剪口,现根据放码点2重新调整剪口与点2的距离(图2—6—7)。点击该工具后,点击剪口,然后点击放码点2,在弹出的对话框"剪口放码"中依次输入各个码剪口的距离即可(图2—6—8)。

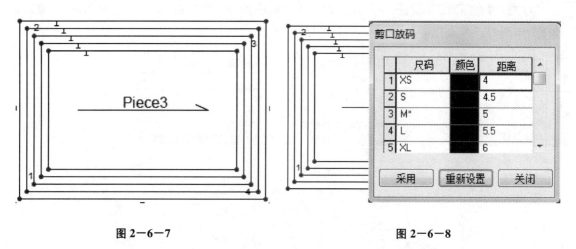

图2—6—7　　　　　　　　　　　图2—6—8

7. ⌐钮位:使用此工具生成钮位。钮位也通常用于在条格面料上做标记。此工具还用于在制作口袋时,做钻孔记号。钮位可以放码或作为重叠点。

操作步骤:选择钮位工具,在创建钮位处点击鼠标。如果鼠标点在现有点上,会弹出"加入钮位于选取点上"对话框,输入离开选取点的 x、y 距离。如果鼠标点在空白处,则直接添加钮位(图2—6—9)。

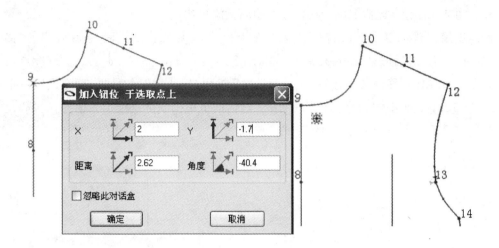

图 2－6－9

做完第一个钮位之后,在"特性"里可以修改钮位的参数,并且使用"复制"可以很快地制作钮位而不必一个个地制作。如想再做 4 个钮位,钮位之间的距离是 8 cm,则点击"特性"里的"复制—完成任务",弹出"复制"对话框,输入所需的信息,点击确定即可(图 2－6－10)。

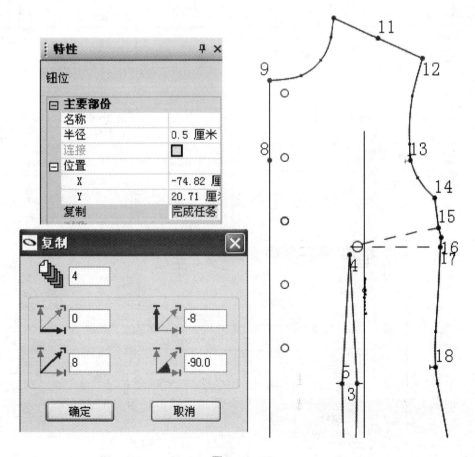

图 2－6－10

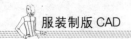

8. 线与钮位上:此命令用于在相等的距离上添加钮位。

操作步骤:选取此工具,如果钮位需要与某点相关联,则点击此关联点,在弹出的"移动点至有关所选点上"对话框里,输入关联的数据,确定第一个钮位(图 2—6—11)。继续点击第二个关联点,在弹出的"移动点至有关所选点上"对话框里,输入关联的数据,确定最后一个钮位(图 2—6—12),在弹出的"设定钮位相等距离"对话框里根据实际需要填入信息,勾选"设定第一"和"设定最后",点击确定即可(图 2—6—13)。

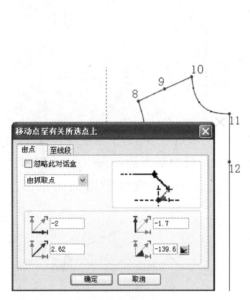

图 2—6—11

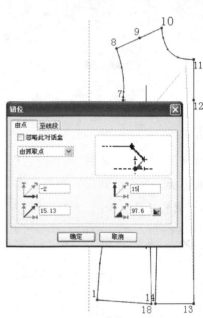

图 2—6—12

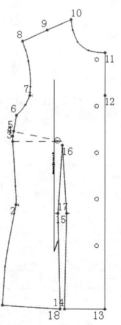

图 2—6—13

9. 加入线:该工具可在所需位置加上线。

操作步骤:选择该工具后,分别点击想加入线的起始点和终点,弹出对话框"设定线相等距离",输入所需参数,点击确定即可(图2—6—14)。

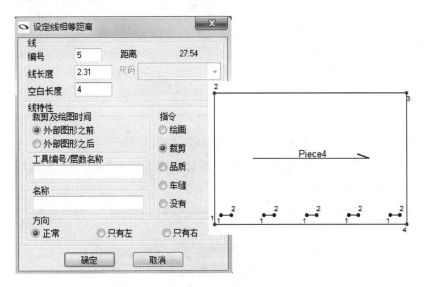

图 2—6—14

第七节　旋转工具盒

1. 旋转纸样:沿一中心点旋转纸样。

操作步骤:选取"旋转纸样"工具,点击纸样上一点作为旋转中心;或仅选取"旋转纸样"工具使纸样绕其中心旋转,通过光标即可控制纸样。旋转纸样至需要处,点击鼠标。弹出"内部角度旋转"对话框后,输入需要的角度,点击确定(图2—7—1)。

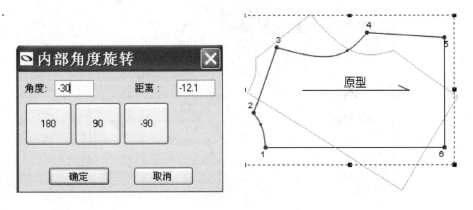

图 2—7—1

2. 旋转图形或文字:该工具可旋转外部或内部图形或分离文字(图 2-7-2)。

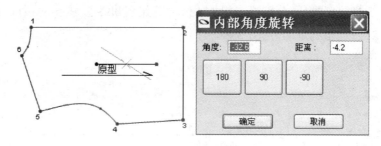

图 2-7-2

3. 旋转纸样、基线或内部线:该工具可用于旋转纸样、基线或内部线。

操作步骤:选取该工具后,点击纸样,弹出"旋转纸样或内部"对话框,按实际需要选择角度、纸样或纸样基线,向左或向右旋转即可。图 2-7-3 是旋转前的效果,图 2-7-4 是按纸样基线向右旋转 90 度的效果,图 2-7-5 是按纸样基线向右旋转 90 度的效果。

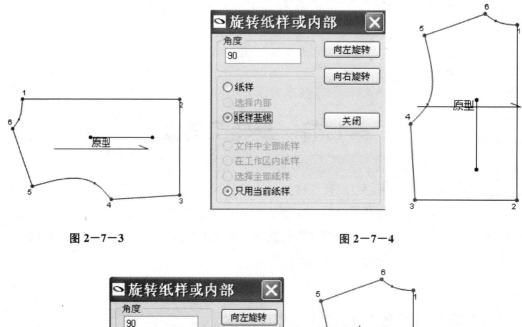

图 2-7-3   图 2-7-4

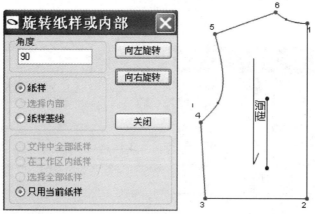

图 2-7-5

4. 旋转线段:沿一中心点旋转线段,此中心点可在纸样上任意位置。

操作步骤:选取此工具;在需放置中心点的位置点击鼠标,出现一个『十』字显示其位置;点击并顺时针拖动光标,选取需旋转的线段;点击选中的一点并拖动到需要的位置,线段即可绕中心点旋转;点击鼠标左键,确定旋转线段的位置,在弹出的"内部角度旋转"对话框中输入需要的角度,点击确定(图2—7—6)。

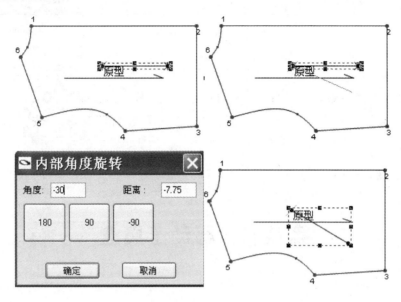

图2—7—6

5. 旋转水平:该工具可使选定的线段转到水平位置。

6. 旋转垂直:该工具可使选定的线段转到垂直位置。

7. 顺时针方向旋转:使纸样按照顺时针方向旋转90度。

8. 逆时针方向旋转:使纸样按照逆时针方向旋转90度。

9. 反转水平:使纸样绕Y轴180°旋转。

10. 反转垂直:使纸样绕X轴180°旋转。

11. 沿所选位置反转:该工具可使纸样及内部物件沿所选线段反转。图2—7—7和图2—7—8是沿着基线反转前后的视图效果。

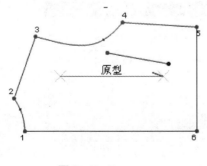

图2—7—7

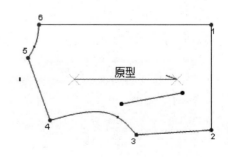

图2—7—8

12. 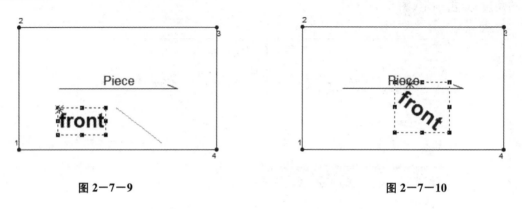文字方向:该工具可使纸样内的文字按照选定的线条方向移动或旋转。

操作步骤:选中文字,按所需在纸样内用鼠标拖动出一条线段,点击所选文字,则文字即可按照线段的方向旋转或移动。图2—7—9和图2—7—10是沿着基线反转前后的视图效果。

图 2—7—9　　　　　　　　　　　　　　图 2—7—10

第八节　移动工具盒

1. 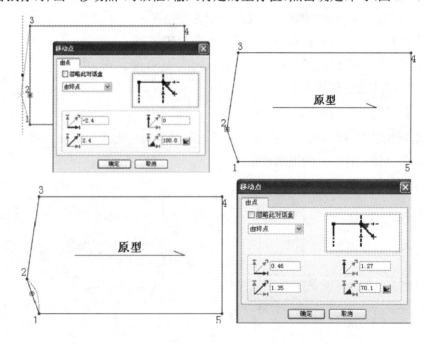移动点:用于移动一点。

操作步骤:选取"移动点"工具,点击欲移动的点,此点就附着在光标上,将点放置在所需的位置,单击鼠标,弹出"移动点"对话框,输入特定的坐标值,点击确定即可(图2—8—1)。

图 2—8—1

2. 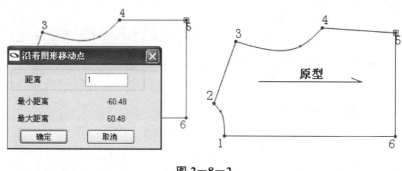沿着移动：使移动点按照原轮廓线的方向进行移动，输入需要移动的距离，不改变原轮廓线迹的方向（图2-8-2）。

图2-8-2

3. 按比例移动：选取此工具，使两放码点线段按比例移动。

操作步骤：选取按比例移动工具，点击需要按比例移动的线段的任何一点，移动点到目标位置，点击鼠标，弹出"按比例移动线段"对话框，输入坐标值，点击确定（图2-8-3）。

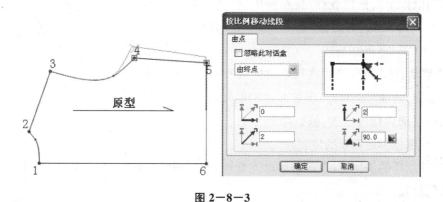

图2-8-3

4. 移动固定线段：用于移动纸样上的线段，可用于延长纸样的一边。

操作步骤：选择"移动固定线段"工具，按顺时针方向点击移动线段的起始点和终点，点击任意选中的点，并移动线段到目标位置，点击鼠标左键，弹出"在平行动作移动线段"对话框，输入X、Y方向的的值，点击确定即可（图2-8-4）。

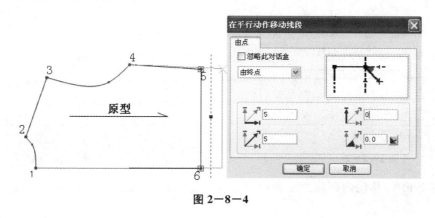

图2-8-4

5. ⟨⟩移动点:用于一条线段上各个点的不同方向位子的移动。

操作步骤:选择此工具,顺时针选择需要修改的一条线段,选择其中需要修改的一个点进行移动;在"移动点"对话框里进行编辑调整,输入需要修改的数据,点击确定(图2—8—5)。

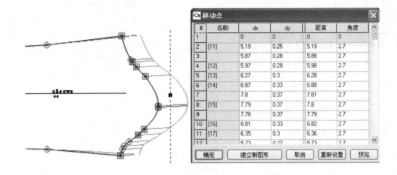

#	名称	dx	dy	距离	角度
1		0	0	0	0
2	[11]	5.19	0.25	5.19	2.7
3		5.87	0.28	5.88	2.7
4	[12]	5.97	0.29	5.98	2.7
5	[13]	6.27	0.3	6.28	2.7
6	[14]	6.87	0.33	6.88	2.7
7		7.8	0.37	7.81	2.7
8	[15]	7.79	0.37	7.8	2.7
9		7.78	0.37	7.79	2.7
10	[16]	6.81	0.33	6.82	2.7
11	[17]	6.35	0.3	6.36	2.7

确定　建立新图形　取消　重新设置　预览

图 2—8—5

6. ⟨⟩多个移动:拖拉框选择移动多个点,点击任意一点拖动鼠标至目标位置点击,在弹出的"所选矩形移动点及内部对象"对话框,输入 X、Y 方向的数据,点击确定(图2—8—6)。

7. ⟨⟩移动纸样:用于在工作区域内移动纸样。

操作步骤:选取此工具,点击欲移动的纸样,纸样即可随光标移动到任何位置,放置纸样至目标位置,点击鼠标,使纸样铆定在新的位置。

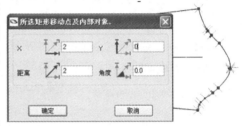

所选矩形移动点及内部对象

X ⟨⟩ 2　Y ⟨⟩ 0
距离 ⟨⟩ 2　角度 ⟨⟩ 0.0
确定　　取消

图 2—8—6

注:移动纸样的快捷键:点击欲移动的纸样,然后按空格键,光标变为手型,纸样就可以移动到需要的位置。

8. ⟨⟩移动及复制内部:此命令用于移动任意的内部物件,如线条、钮位、圆或文本等。

操作步骤:选取此工具,点击欲移动的内部物件,物件即可随光标移动到任何位置,放置物件至目标位置点击鼠标,使物件铆定在新的位置。图2—8—7和图2—8—8是使用此工具前后的视图效果。

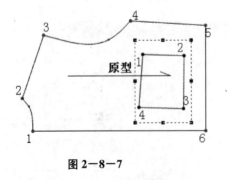

图 2—8—7

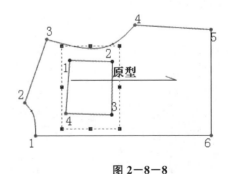

图 2—8—8

注:用 Shift＋移动内部物件工具可以移动内部物件至任意位置;Ctrl＋移动内部物件工

具可以复制内部物件至任意位置。图2－8－9和图2－8－10是使用Ctrl＋移动内部物件工具前后的视图效果。

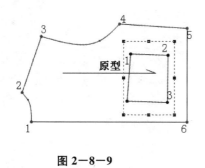

图2－8－9

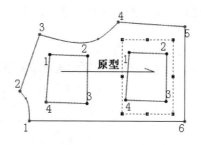

图2－8－10

12. 步行：用于两个纸样之间行走。测量距离。

操作步骤：选取此工具，点击需要测量线段的起点，移动光标到终点，弹出"所有尺寸"对话框，并显示尺寸，点击OK。

13. 对齐点：使选定的一组点水平、垂直或按一定角度排列。当选此项时，必须选取1个以上的点。选点时，点击并顺时针拖动鼠标直到相关点都选中为止（必须是顺时针方向）。

操作步骤：选取该工具，顺时针点击起始点和终点，选中所有需对齐的点，点击鼠标弹出"对齐点"对话框，按实际需要设置参数即可。图2－8－11和图2－8－12是对齐前后的视图效果。

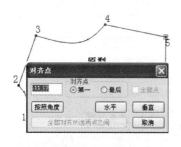

图2－8－11

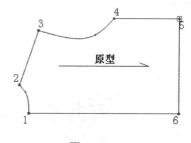

图2－8－12

14. 垂直对齐：用于垂直对齐两点。

15. 水平对齐：用于水平对齐两点。

16. 按角度对齐：按一定角度对齐点。

操作步骤：选取该工具，点击起始点和终点，再点击需对齐的点，则这些点都按照起始点和终点的连线方向对齐。图2－8－13和图2－8－14是使用该工具前后的视图效果。

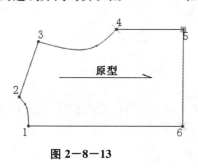

图2－8－13

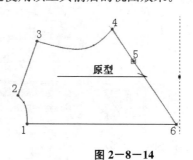

图2－8－14

17. ⊗圆形:此工具在纸样上生成一定半径的圆,此圆可以复制。

操作步骤:选择此工具,在纸样上欲生成圆的中心点击鼠标。从中心将鼠标拖动到大致的半径处,再点击鼠标。在"特性"里修改圆的半径及其它参数(图2—8—15)。

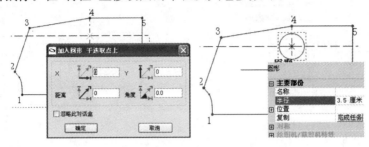

图 2—8—15

18. 👁三点圆形:点击三点确定一个圆。在"特性"里修改圆的半径及其它参数。

19. 🐾圆形至图形:用于转换所选圆形或钮位为内部图形。图2—8—16和图2—8—17是使用该工具前后的视图效果。

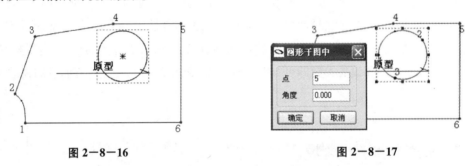

图 2—8—16　　　　　　　　　　图 2—8—17

第九节　建立及裁剪工具盒

1. ▦合并纸样:使两个不同的纸样沿一条线段合并在一起。

注:如果两个纸样的长度和角度相同,可以合并得很完美;如果线段不平行,也可以合并,但是连接处不是很圆滑,可以对新纸样上的连接点进行编辑,多次剪切、合并纸样。

操作步骤:选择此工具,在靠近连线处点击纸样内部,拖动光标至另一纸样(跨过连线),再次点击鼠标,弹出"连接纸样"对话框,点击确定,进行合并(图2—9—1)。

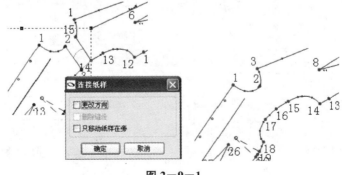

图 2—9—1

2. 裁剪:此命令会在纸样上画一条线,并沿其分开纸样。此线段可能是两点间的一条简单的线段,也可能是有多个点的曲线段。PDS可以沿此线段自动放码,这样就不必计算放码规则。

操作步骤:选取此工具,在纸样轮廓需剪切纸样处点击鼠标,弹出"点特性"对话框,输入第一点的位置的值,或点击确定,在需剪切的另一点处点击鼠标。重复以上步骤直到剪切线到达纸样另一边,点击鼠标弹出缝份对话框后,输入宽度和角的类型,点击确定(图2—9—2)。

注:创建曲线,按住 Shift 键然后点击鼠标选点。

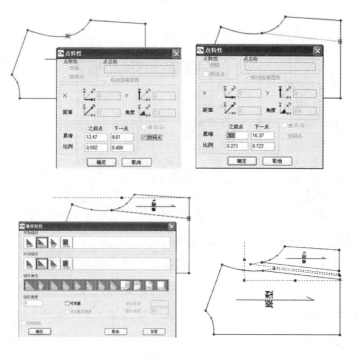

图 2—9—2

3. 沿内部裁剪:沿内部现有的线条剪切纸样。

操作步骤:选取此工具,点击欲剪切纸样的内部线条,弹出"缝份特性"对话框后,输入宽度和角的类型,点击确定(图2—9—3)。

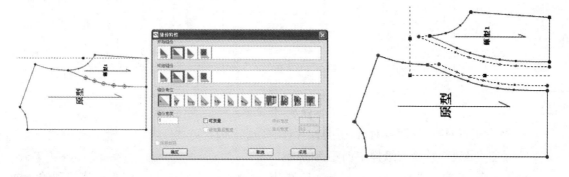

图 2—9—3

4. 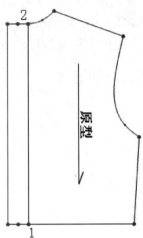对折打开:折叠纸样的一部分。通常用于有挂面的款式。

操作步骤::使用"设计"菜单下的"建立平行"命令,制作内部线条,选取"对折打开"工具,点击纸样上的镜像线段,点击新建的内部折叠线条,则对折打开(图2—9—4)。

注:选取镜像线段和内部折叠线段时,要按顺时针方向选点。

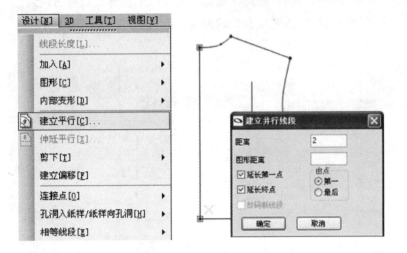

图 2—9—4

5. 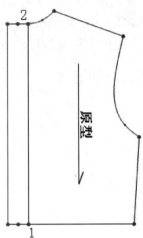对折:用于沿一选定的线段折叠纸样。

操作步骤:选取此工具,点击并顺时针拖动光标选择线段,点击即可(图2—9—5)。

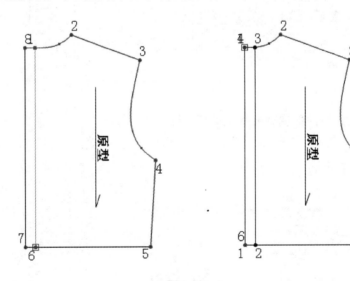

图 2—9—5

6. 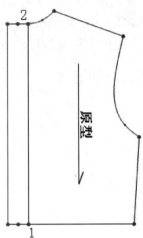点至点对折:选两点对折、折叠样片(图2—9—6)。

7. 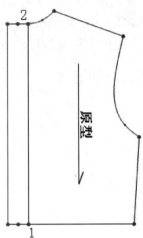建立纸样:从现有纸样中创建新的纸样。

操作步骤:选取此工具,点击纸样某一区域,则封闭轮廓被突出,再点击需要连接到的新纸样上,新纸样的轮廓被突出,再点击所选区域将新纸样放在上面,新的纸样在原纸样的上面,使用"移动纸样"工具将纸样从原来的纸样上移开(图2—9—7)。

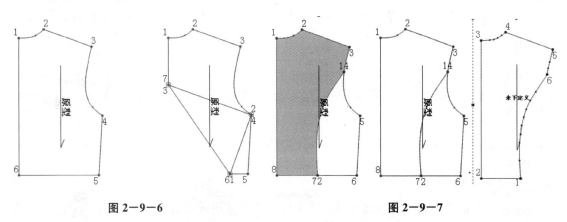

图2—9—6　　　　　　　　　　　　　　图2—9—7

8. ⊞描绘线段:描绘线段至建立新纸样。用于从现有纸样描出线段,创建新的纸样。如:做挂面和衬里。还可以从两个纸样创建新纸样。

操作步骤:选取此工具,点击并顺时针方向选取线段,则线段突出为红色,下一个放码点出现 X 图标,当所有的线段选取后(封闭的内部轮廓确定),弹出对话框询问"完成纸样图形?",点击是,完成描线,单击 NO,继续描线,新的纸样在原纸样的上面,使用"移动纸样"工具将纸样从原来的纸样上移开(图2—9—8)。

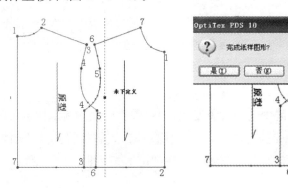

图2—9—8

9. ⊞描绘纸样:此工具可从内部图建立新纸样。

操作步骤:若想将下面两个纸样的相交部分建立一个新纸样,则选择该工具后,点击两个原纸样的相交部分线段后再点击内部,则建立一个新纸样(图2—9—9)。

10. ⊞建立分区:该工具可创造分区。

操作步骤:选择该工具后,点击内部图形两侧,建立分区"Zone1"和"Zone2"(图2—9—10),在特性里"图板分区"中"由图板建立纸样",点击"建立",则形

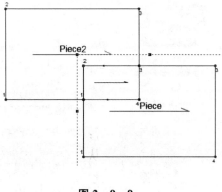

图2—9—9

成两个新纸样(图2—9—11)。

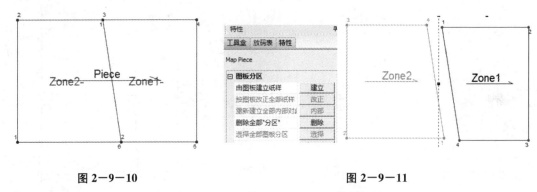

| 图2—9—10 | 图2—9—11 |

注:若将内部图形改变后,在特性里"图板分区"中"按图板改正全部纸样",点击"改正",则建立的新纸样即可更新(图2—9—12)。

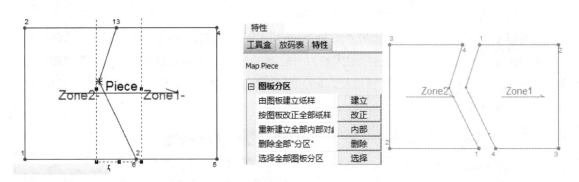

图2—9—12

建立完分区后,如果图板分区中内部对象变化,则由图板建立的新纸样也可随之更改。

操作步骤:如图板分区"Zone2"中新作了一个内部对象,只需在特性里,"图板分区"中"重新建立全部内部对象",点击"内部",则建立的新纸样即可更新(图2—9—13)。

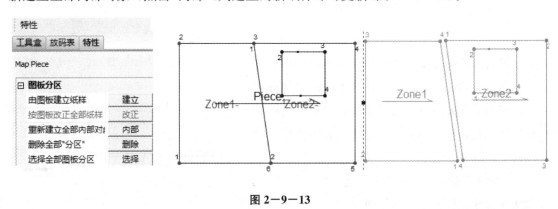

图2—9—13

11. 📐描绘分区:使用描绘工具建立分区。

注:功能同"建立分区",区别在于该工具在建立分区时依次顺时针点击包围分区的线段即可。

第十节 图形工具盒

1. ✒草图:用于画多个点的内部线条。

操作步骤:选取此工具,在选定的纸样上任一位置点击鼠标,弹出"移动点"对话框后,输入数据或点击确定,忽略它重复第二、第三步直到完成,单击鼠标右键,点击"选择工具"退出"草图"工具即可。

注:要创建曲线,当单击鼠标选点时,按 Shift 键。

2. ♀弧形:在版型上添加弧形样块,取代原线段。

操作步骤:选择此工具,顺时针选择需要修改的两点,输入内部点数或半径,点击确定(图2—10—1)。

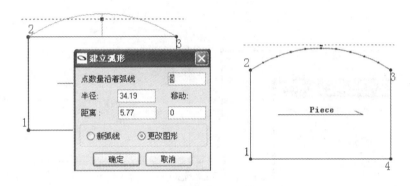

图 2—10—1

注:此工具可用来作袖窿弧线,但拖出弧线时要按着 Shift 键(图2—10—2)。

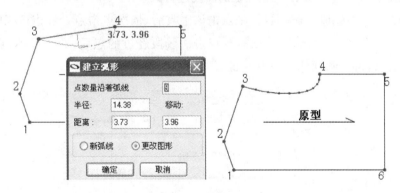

图 2—10—2

3. 〰波浪型:用于制作上下波动相同的对应弧线。

操作步骤:顺时针选择需要修改的两点,按住 Shift 键进行平行调左右位子,确定弧线点数(图2—10—3)。

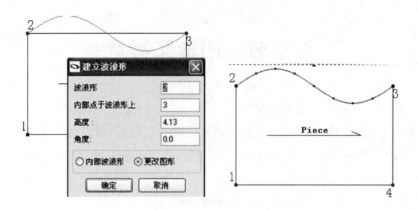

图 2—10—3

4. ◣圆角:用于创建线段的弧形交点。

操作步骤:选取该工具,点击需圆角的点,在弹出的"圆角"对话框中输入半径,点击确定(图 2—10—4)。

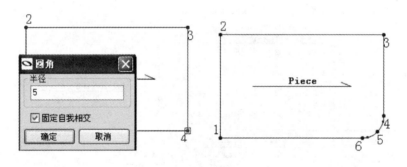

图 2—10—4

5. ◢顺滑:此工具可使线段按照一定的曲度进行圆顺。

操作步骤:若使曲线段 2—3 顺滑,则点击该工具后,依次点击点 2 和点 3,则该曲线段上的所有点被选中(图 2—10—5),根据需要点击曲线段经过的点后,右击鼠标,点击"设定顺滑",则可将该线段进行圆顺(图 2—10—6)。

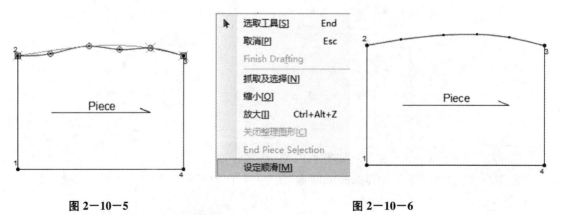

图 2—10—5　　　　　　　　　　　　　　　　**图 2—10—6**

6. 合并图形:将两条分开的内部线合并起来,形成一个完整的个体单位(图2—10—7)。

6.

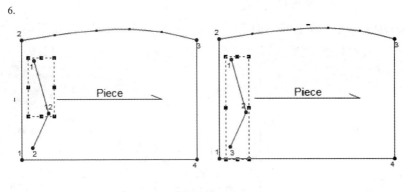

图2—10—7

7. 分离图形:将一个完整的内部线段分成两条或多条内部线(图2—10—8)。

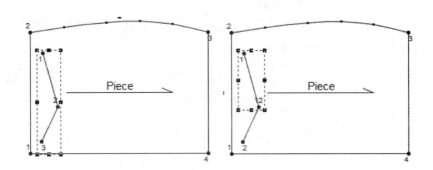

图2—10—8

8. 延伸图形:此工具可使内部图形延伸或建立新图形。

操作步骤:首先选中内部图形1—2(图2—10—9),点击该工具,弹出对话框"延长图形曲线",填写延长数据及方向等参数,点击确定,则内部图形被延伸(图2—10—10)。

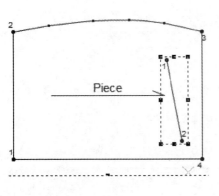

图2—10—9

图2—10—10

9. 延伸内部:朝某一个方向延伸选定的内部线条,或延伸至轮廓上的某一选定点。线条末端的红色 X 标志,表示延伸的方向。

操作步骤:选定内部线段上的点 1(图 2—10—11),点击该工具,弹出对话框"延长内部线段";点击延长"一直到图形"或输入"延伸数量";点击"关闭"(图 2—10—12)。

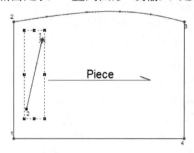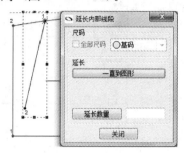

图 2—10—11   图 2—10—12

10. 整理:该工具用于整理内部线段。

操作步骤:选择该工具后,点击内部线段上的点 2,则内部线段被整理。图 2—10—13 和图 2—10—14 是使用该工具前后的效果。

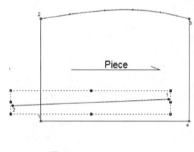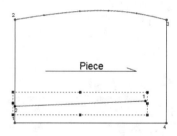

图 2—10—13   图 2—10—14

11. 线于线段之间:该工具可在内部图形之间加入多个内部图形。

操作步骤:若在两个内部线段之间加入多个内部线,点击该工具,依次点击两个内部线段,弹出对话框"建立线于所选线之间",输入线的数量 10,选择"延长一直到外部图形",点击确定(图 2—10—15),则两个内部线段之间建立了 10 条内部线,再使用"整理"工具进行整理即可(图 2—10—16)。

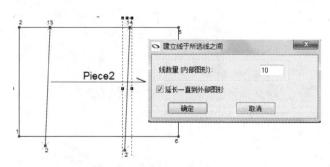

图 2—10—15

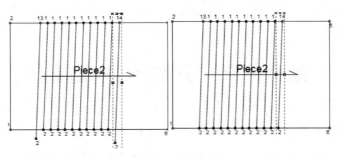

图 2—10—16

12. 交换线段:该工具可使外部线段与内部图形交换。

操作步骤:若将外部线段 1—2 与内部图形交换,点击该工具后,顺时针选点击外部线段 1—2,再点击内部图形,弹出对话框"交换线段图形",点击确定(图 2—10—17),则外部线段已于内部图形交换(图 2—10—18)。

图 2—10—17

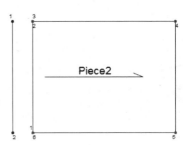

图 2—10—18

13. 建立平行:创建一条已选择线段的平行线(图 2—10—19)。

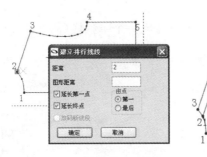

图 2—10—19

14. 平行延长:平行移动或修改一条所选线段(图 2—10—20)。

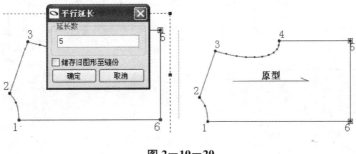

图 2—10—20

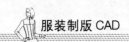

第十一节　对称半片工具盒

1. 凸设定对称线:创建一片与所选纸样完全对称的新纸样。

操作步骤:选取该工具,顺时针点击线段的起点和终点,则与所选线对称的新纸样生成(图2-11-1)。

2. 凸设定半片:设定所选线段做对接纸样,(在对接的纸样上可做扣子等符号,有镜面效果)只对起始点和最终点相对接(图2-11-2)。

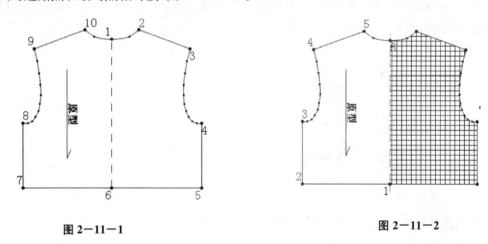

图2-11-1　　　　　　　　　　　　　　图2-11-2

3. 凸开启半片:更改对接纸样,把对接纸样变成一个单独样(图2-11-3)。可做不对称修改(保护不能打勾)。

4. 凸关闭半片:将所选纸样还原(图2-11-4)。

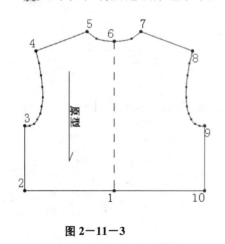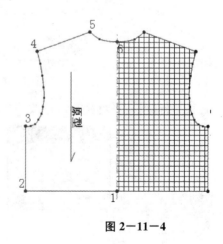

图2-11-3　　　　　　　　　　　　　　图2-11-4

第十二节　基线工具盒

1. ⊟新基线:用于编辑基线,它把基线放在纸样的中心。

操作步骤:选择此工具,基线重置于纸样的中心位置(图2－12－1)。

注:基线的长度可能会发生改变。

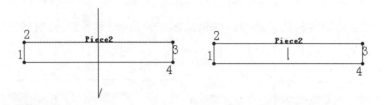

图2－12－1

2. ⊆旋转基线:用于旋转纸样至其原来的位置。

操作步骤:选取该工具,纸样回到其原来的位置,所有内部物件沿纸样旋转。此命令也可设置当前的基线为水平方向。

3. ⊟基线方向:使基线与选定的内部线条平行。

操作步骤:选择内部线条的两点,选择此工具,基线就会与选定的线条平行(图2－12－2)。

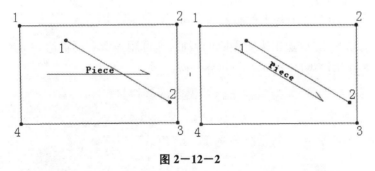

图2－12－2

4. ⊥垂直基线:使基线与选定的线条垂直。

操作步骤:选择内部线条的两点,选择此工具,基线就会与选定的线条垂直(图2－12－3)。

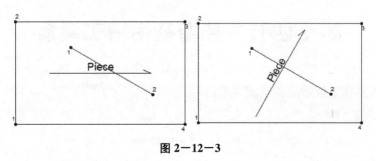

图2－12－3

第十三节　缝份工具盒

1. 缝份：用于为纸样添加缝份。

操作步骤：选取此工具，选取纸样上的点表示整个纸样上都添加缝份（图 2—13—1）；或选择纸样上某段欲添加缝份的线条（顺时针选择）（图 2—13—2）。点的属性框弹出后，输入缝份的宽度，然后选择合适的缝份角的类型。如果是标准的角，则不需要再选择。完成所有的设定后单击确定。

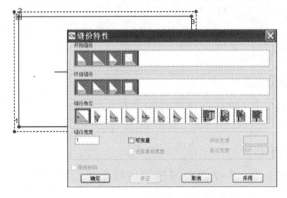

图 2—13—1 　　　　　　　　　　　　图 2—13—2

2. 移除缝份：用于从纸样上删除缝份。

操作步骤：选取此工具，点击需要删除的版形，即可删除所有缝份。

3. 移除缝份：用于删除纸样上的部分缝份。

操作步骤：选取此工具，顺时针点击需要删除的线段，即可删除该线段上缝份。

4. 裁剪缝份角度：用于剪切缝份的部分转角处（图 2—13—3）。

图 2—13—3

第十四节　死褶及生褶工具盒

1. 死褶：制作生成新的省道或省道转移。

制新省道操作步骤：选择此工具，在省道第一点上点击鼠标左键，在省道最后一点上再点击鼠标左键，光标自动成为上述两点的中心，拖动光标确定省道的深度并再次点击鼠标，在"特性"里设置其深度、宽度等参数即可(图2－14－1)。

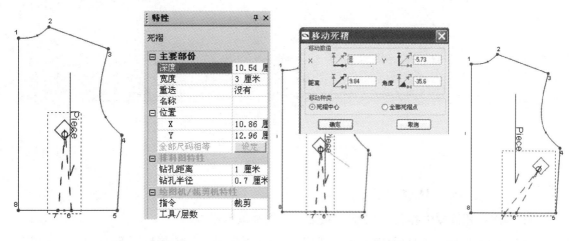

图2－14－1 图2－14－2

注：如果想更改省尖位置，则需选择该工具并点击省尖，拖动工具至省尖的新位置，再次点击鼠标，在弹出的"移动死褶"对话框中输入 X 和 Y 的值，点击确定即可(图2－14－2)。

省道转移操作步骤：选择此工具，在省中点击左鼠标并按住拖动到新省位置点点击鼠标，在弹出的"死褶中心点"对话框中输入需转移的量，点击确定(图2－14－3)。

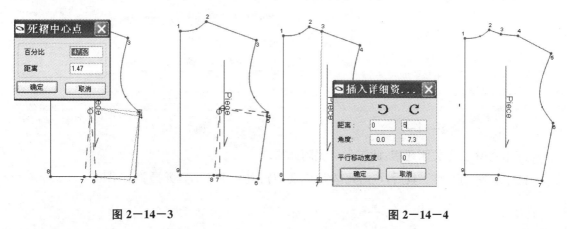

图2－14－3 图2－14－4

2. 加容位：用于展开纸样。

操作步骤：选择此工具，鼠标左键选取第一点的位置(纸样上的第一点位置就是需要加展开量的位置)。鼠标左键选取第二点的位置，点击确定。在弹出的对话框中输入值，可以是距离或角度(图2－14－4)。

3. 死褶经中心点：该工具可经过中心点建立死褶。

操作步骤：在需要加入死褶的外部线段上点击，再点击死褶中心点，然后点击点2和点4，向外拖出并点击(图2－14－5)，弹出对话框"按中心点建立死褶"，输入参数，点击确定即可(图2－14－6)。

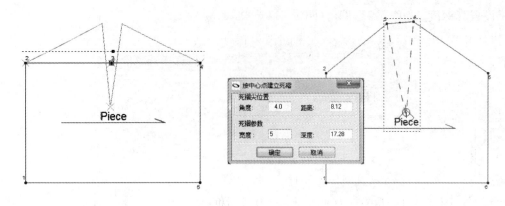

图 2—14—5   图 2—14—6

4. 编辑死褶按中心点:此工具可按照中心点来编辑死褶。

操作步骤:选择该工具后,首先点击死褶中心点,再点击点 2 和点 5(图 2—14—7),弹出对话框"编辑死褶中心点",输入死褶的宽度和深度,点击确定即可(图 2—14—8)。

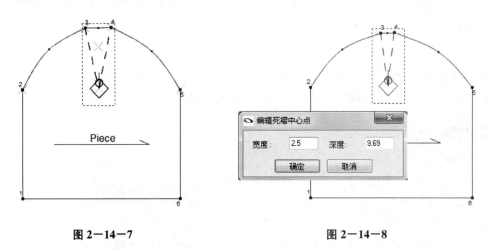

图 2—14—7   图 2—14—8

5. 按中心点关闭死褶:此工具可关闭死褶。

操作步骤:选择该工具后,点击死褶尖点,再点击点 2 和点 5,则死褶关闭(图 2—14—9)。

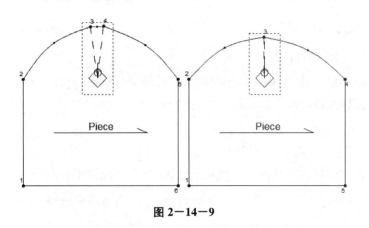

图 2—14—9

6. 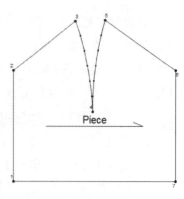 弧形及裁剪死褶:此工具可改变死褶线的曲度。

操作步骤:选择该工具后,点击死褶后即可根据需要更改死褶线的曲度(图2—14—10)。

7. 死褶:用于创建省道。

操作步骤:选取该工具,点击创建省道的两点,弹出省道属性对话框,选择合适的选项,点击确定。

8. 多个死褶:在一条线段上同时创建多个省道。

操作步骤:顺时针点击欲添加省道的线段的第一点,并拖动到第二点(图2—14—11);选择此工具;弹出对话框;输入相应的参数并点击确定(图2—14—12);生成省道,如果是两个以上的省道,则他们可以平均地分配在这两点间,弹出下面的对话框,可以选取不同的规格,应用到新的省道上(图2—14—13)。

图2—14—10

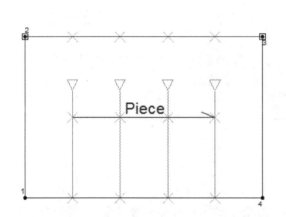

图2—14—11

图2—14—12

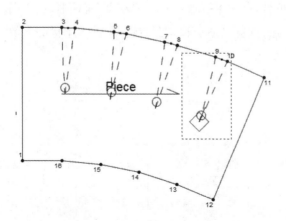

图2—14—13

9. ✂复制死褶:用于将省道复制到剪贴板,然后用粘贴工具粘贴到同样的 DSN 文件或不同的 DSN 文件。复制好的省道可继续使用直到被另外的文件复制。

10. ✂粘贴死褶:将最后一个复制到剪贴板上的文件粘贴到文件中。复制好的省道可继续使用直到被另外的文件复制。

11. ✂关闭死褶:关闭选定的省道。

12. ✂修正死褶:通过改变省道的顶点来改变省道。

13. ✂生褶:此工具用于开刀型褶或盒型褶,两褶的深度和褶数可以在褶的"特定"中确定。

操作步骤:选取此工具,在开褶处点击鼠标,弹出"移动点"对话框,点击回车键确定移动点值或输入期望的值。在开褶的最末点,点击鼠标,重复上述步骤,当弹出"生褶"对话框时,输入相关值,点击确定(图 2－14－14)。

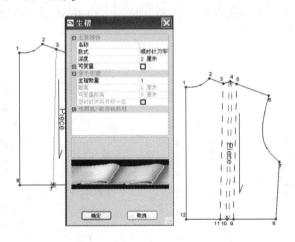

图 2－14－14

14. ✂生褶线:褶线命令由三个子选项:添加、按角度添加和移动。褶线是用于两点间的特殊的虚线,它是与末端点连接的线段,如果移动这些点,褶线也会随之移动。

操作步骤:选择此工具,点击第一点,弹出"移动点"对话框,点击回车键确定移动点值或输入期望的值。点击第二点,重复上述步骤,在"特性"里设置生褶的参数,设置后好点击开启,即可打开生褶(图 2－14－15)。

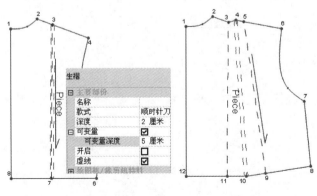

图 2－14－15

第十五节 衣身原型打版

规格尺寸：

部位	胸围	背长
规格	84	38

衣身原型打版步骤如下：

1. □开新文件或在工作区内右击鼠标,选择建立矩形纸样,出现"开长方形"对话框,在纸样名称里输入原型后片,长度38,宽度23.5,点击确定或按回车键(图2—15—1)。

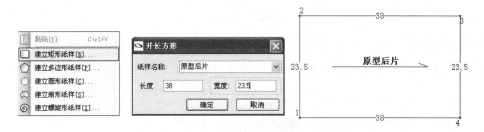

图 2—15—1

2. ✛ 点古图形 (O)选用工具"点古图形(O)",在1—2线上点击,出现对话框"点特性",在点种类放码上打勾,之前点输入数据7.1,点击确定或按回车键,定后领宽(图2—15—2)。

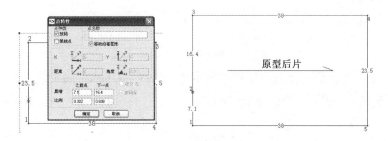

图 2—15—2

3. ✛ 移动点 (M)选用工具"移动点(M)"点击点2向外移动,出现移动点对话框,水平方向输入数据—2.4,点击确定或按回车键,定后领深(图2—15—3)。

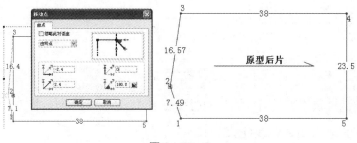

图 2—15—3

4. 选用工具"点古图形(O)"，在 3—4 线上点击，出现对话框"点特性"，在点种类放码上打勾，之前点输入数据 21.5 定袖窿深，点击确定或按回车键(图 2—15—4)。

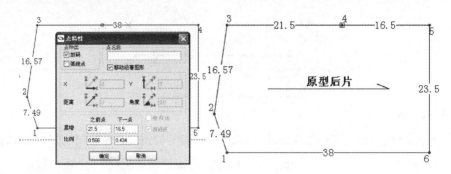

图 2—15—4

5. 选用工具"移动点(M)"点击点 3 向外移动，出现"移动点"对话框，水平方向输入数据 2.4，垂直方向输入数据—3，点击确定或按回车键，定肩端点(图 2—15—5)。

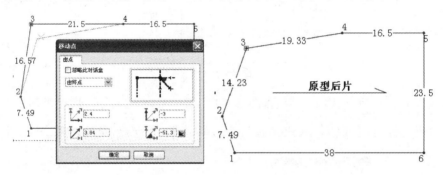

图 2—15—5

6. 过 1 点分别作一条垂直辅助线和一条水平辅助线，双击水平辅助线，输入距离 18.5，点击确定或按回车键，作背宽线(图 2—15—6)。

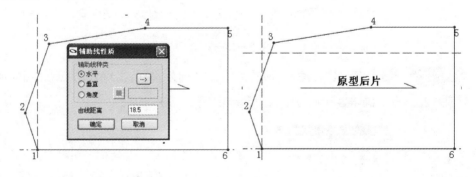

图 2—15—6

7. 选用工具"移动点"同时按着 shift 键(shift＋M)，将 1—2 线移动成弧线，点击确定或按回车键，即后领弧线(图 2—15—7)。

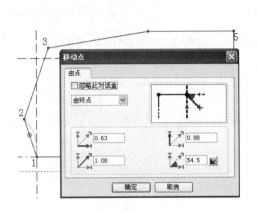

图 2—15—7

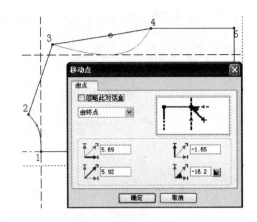

图 2—15—8

8. 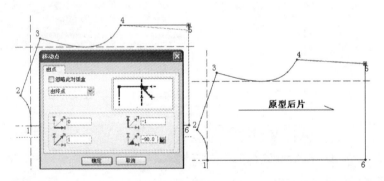选用工具"移动点"同时按着 shift 键(shift＋M),将 3—4 线移动成弧线,点击确定或按回车键,即后袖窿弧线(图 2—15—8)。

9. 选用工具"移动点(M)",点击点 5 向下移动,出现"移动点"对话框,垂直方向输入数据－1,点击确定或按回车键(图 2—15—9)。

图 2—15—9

10. 开新文件或在工作区内右击鼠标,选择建立矩形纸样,出现"开长方形"对话框,在纸样名称里输入原型前片,长度 38,宽度 23.5,点击确定或按回车键(图 2—15—10)。

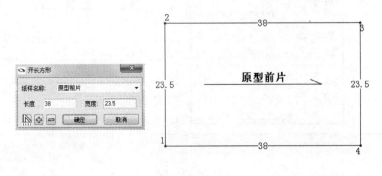

图 2—15—10

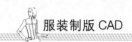

11. **点古图形 (O)** 选用工具"点古图形(O)",在1—2线上点击,出现对话框"点特性",在点种类放码上打勾,下一点输入数据7.1,点击确定或按回车键,定前领宽(图2—15—11)。

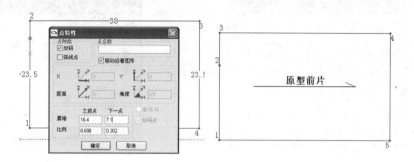

图 2—15—11

12. **点古图形 (O)** 选用工具"点古图形(O)",在3—4线上点击,出现对话框"点特性",在点种类放码上打勾,之前点输入数据8,点击确定或按回车键,定前领深(图2—15—12)。

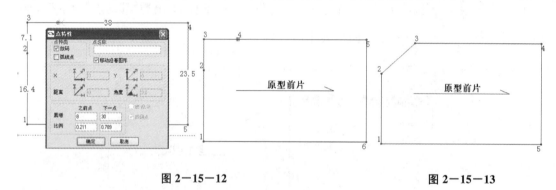

图 2—15—12   图 2—15—13

13. 选择点3,按delete键删除(图2—15—13)。

14. **点古图形 (O)** 选用工具"点古图形(O)",在1—5线上点击,出现对话框"点特性",在点种类放码上打勾,下一点输入数据21.5定袖窿深,点击确定或按回车键(图2—15—14)。

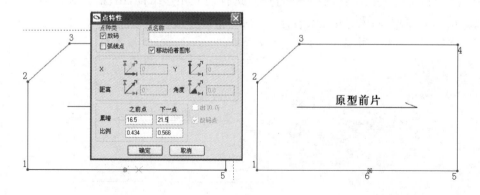

图 2—15—14

15. 过点 1 作一条垂直辅助线,按着 ctrl 键单击垂直辅助线,在弹出的对话框中输入距离 4.5,点击确定或按回车键(图 2—15—15)。

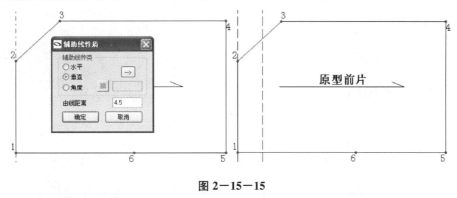

图 2—15—15

16. **圆形 (Ctrl+Alt+C)** 选用工具"圆形"以点 2 为圆心作圆。在特性里修改圆的半径为 13.5(图 2—15—16)。

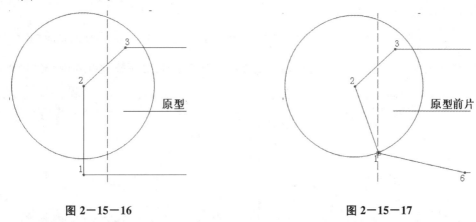

图 2—15—16　　　　　　　　　　　图 2—15—17

17. **移动点 (M)** 用工具移动点(M)将点 1 移动至圆与辅助线的交点处,定肩端点(图 2—15—17)。

18. 选择圆形,按 delete 删除(图 2—15—18)。

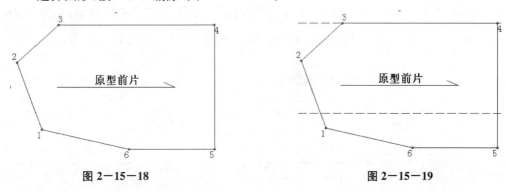

图 2—15—18　　　　　　　　　　　图 2—15—19

19. 过点 3 作一条水平辅助线,按着 ctrl 键单击水平辅助线,在弹出的对话框中输入距离—17,点击确定或按回车键(图 2—15—19)。

20. 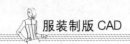 选用工具"移动点"同时按着 shift 键（shift＋M），将 2－3 线移动成弧线，即前领弧线（图 2－15－20）。

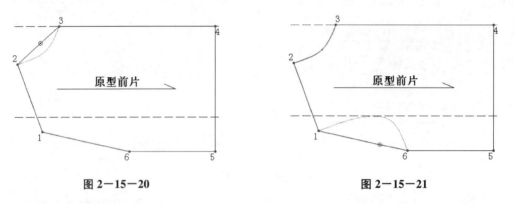

图 2－15－20   图 2－15－21

21. 选用工具"移动点"同时按着 shift 键（shift＋M），将 1－6 线移动成弧线，即前袖窿弧线（图 2－15－21）。

22. 选用工具"点古图形（O）"，在 4－5 线上点击，出现对话框"点特性"，在点种类放码上打勾，之前点输入数据 9.2，点击确定或按回车键，定腰线转折点（图 2－15－22）。

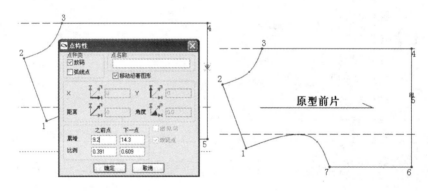

图 2－15－22

23. 选用工具"多个移动"框选点 4 和点 5，水平向外移动，在弹出的对话框中输入水平距离 3.5，点击确定或按回车键，作腰折线（图 2－15－23）。

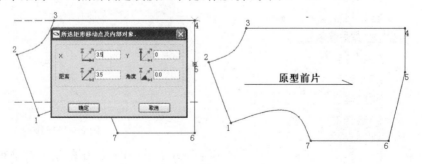

图 2－15－23

24. **移动点 (M)** 选用工具"移动点(M)",点击点 6 向下移动,出现"移动点"对话框,垂直方向输入数据－1,点击确定或按回车键(图 2－15－24)。

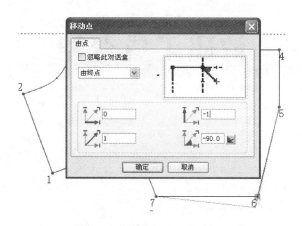

图 2－15－24

25. 原型前后片完成图(图 2－15－25)。

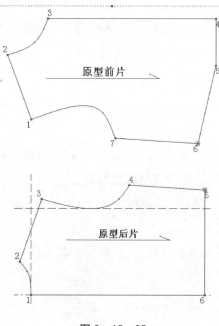

图 2－15－25

第三章

放码工具介绍

第一节　放码工具盒

1. 向之前点：使用此工具来选中从当前放码点沿逆时针方向的下一个放码点，使用此工具，就无需用鼠标来选取放码点。

2. 复制放码：使用此工具可以将选定的放码点的 X 和 Y 轴的放缩值添加到 Windows 的剪贴板上。

操作步骤：先点击复制放码点的图标，X 和 Y 轴的放缩量则被粘贴到剪贴板上，直到另外的复制点被选中粘贴，通常，这是从一点粘贴放缩值至另一点的第一步。

3. 粘贴放样：使用此工具，可以将剪贴板上的 X、Y 方向上的放码值粘贴到选定的点上。

操作步骤：首先选定欲复制放码值的点，然后点击该工具，放码值即被粘贴到选定的点上。通常，此工具是用在"复制放码"的第二步(图 3-1-1)。

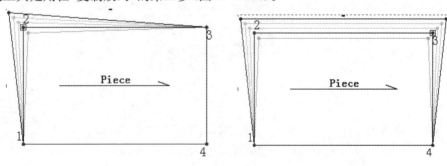

图 3-1-1

4. ▨粘贴 X 放码:此工具只将复制到剪贴板上的 X 放码值粘贴到选定点。此工具需在"复制放码"命令后使用。

5. ▨粘贴 Y 放码:此工具只将复制到剪贴板上的 Y 放码值粘贴到选定点。此工具需在"复制放码"命令后使用(图 3－1－2)。

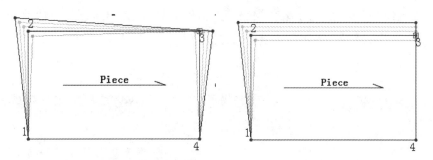

图 3－1－2

6. ▨粘贴相关:使用此工具可自动地将选定的放码值的上、下、左、右的放码值粘贴到对应的点上。对应放码包含正负方向的放码值。激活该工具时图标呈下凹状态(图 3－1－3)。

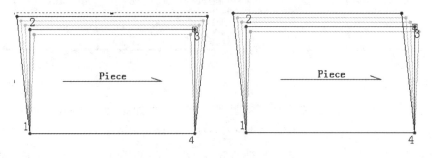

图 3－1－3

7. ▨粘贴放码周围:此工具是将一特定点的轮廓的平均放码值粘贴到选定点。

如图 3－1－4 的点"2"X 轴放码值为 2 cm,Y 轴放码值为 1 cm,则其平均放码值为 1.5 cm。当点"3"的放码值需要为点"2"X、Y 轴放码值的平均值时,可先选中点"2",点击工具"复制放码",再点击点"3",点击工具"粘贴放码周围"。

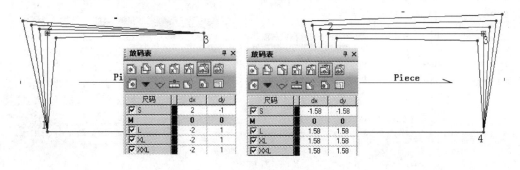

图 3－1－4

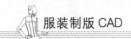

8. 向下一点:使用此工具来选中从当前放码点沿顺时针方向的下一个放码点,使用此工具,就无需用鼠标来选取放码点。

9. 放码功能:点击此工具会弹出一个子菜单,包含尺码表、从新变量放码、复制放码、粘贴放码等功能。

(1) 尺码表:此工具主要用于编辑尺码。点击该工具后,弹出"尺码"对话框,通过"插入"按钮,插入需要的尺码数量,按实际设定各码的颜色、名称、线种类、厚度、基码等选项(图3—1—5、图3—1—6)。

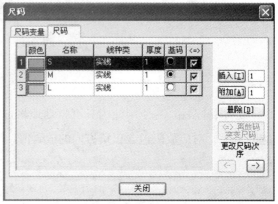

图 3—1—5　　　　　　　　　　　　　图 3—1—6

(2) 从新变量放码:用于二线放码。如型3档、号3档,则组合为9档。

操作步骤:点击尺码变量,选择"One",点击尺码表,插入两个尺码形成3档(图3—1—6),点击"开启尺码表"(图3—1—7);点击尺码变量,选择"Two"(图3—1—8),点击尺码表,插入两个尺码形成3档,点击"开启尺码表";点击工具"从新变量放码",形成9档,输入X、Y方向的放码值即可(图3—1—9)。

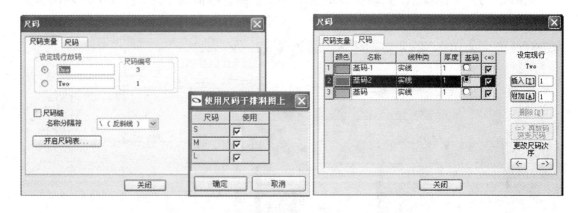

图 3—1—7

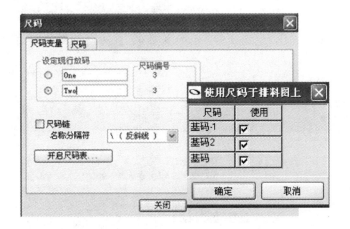

图 3—1—8　　　　　　　　　　　　　　图 3—1—9

（3）反转 X 放码：水平反转选定点的 X 放码值,改变 X 放码值的方向（图 3—1—10）。

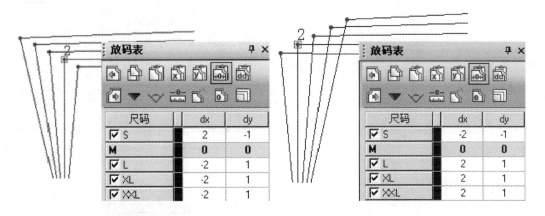

图 3—1—10

（4）反转 Y 放码：垂直反转选定点的 Y 放码值,改变 Y 放码值的方向（图 3—1—11）。

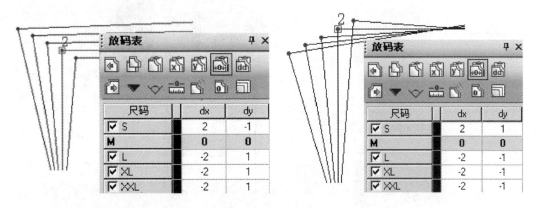

图 3—1—11

（5）相等 X 放码：从基样尺码输入大一尺码的 X 放码值，将鼠标移动到放码表的 X 栏顶部，点击鼠标左键，选定整个 X 栏，使其呈黑色，点击工具"相等 X 放码"，所有的尺码具有相同的放码值（图 3—1—12）。

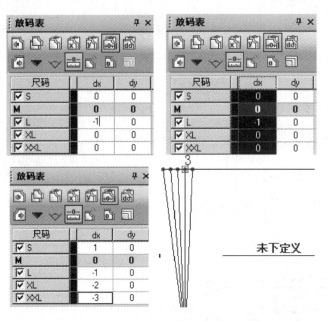

图 3—1—12

（6）相等 Y 放码：从基样尺码输入大一尺码的 Y 放码值，将鼠标移动到放码表的 Y 栏顶部，点击鼠标左键，选定整个 Y 栏，使其呈黑色，点击工具"相等 Y 放码"，所有的尺码具有相同的放码值（图 3—1—13）。

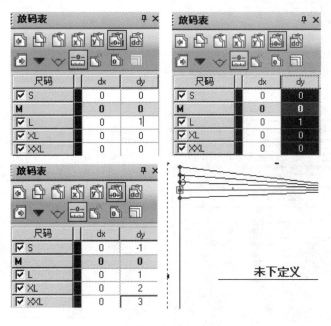

图 3—1—13

10. 角度:此工具可以根据实际需要按一定角度设置新坐标,并在新坐标位置设定放码值。常用于放码点是尖点的情况,如插肩袖、领尖等部位。

操作步骤:选取需放码的点,点击工具"角度",出现新坐标,短轴代表 X 轴,长轴代表 Y轴,点击上下箭头调整坐标位置后输入 X、Y 方向的放码值(图 3—1—14)。

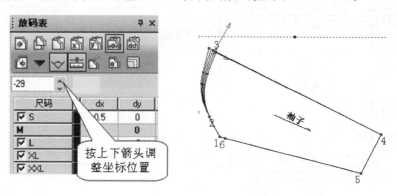

图 3—1—14

11. 累增:使用此工具时显示各码与基码之间的差值(图 3—1—15)。

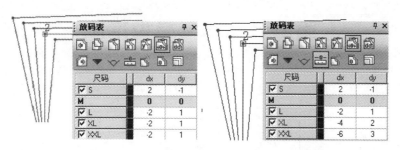

图 3—1—15

12. 比例放码:此工具用于曲线纸样轮廓的放码。例如,可用于圆摆衬衫的下摆或荷叶边。

操作步骤:选取该工具,点击放码的第一点,点击放码的最后一点,点击按比例放码的点(图 3—1—16)。

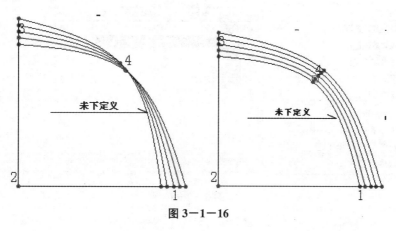

图 3—1—16

13. 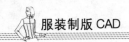清除放码:此工具可使选定点的放码值为零。

14. 排点:使用该工具可以将所有放码后的纸样按照 X 或 Y 轴方向重叠在某一点上,此点称为"叠图点"(图3—1—17)。

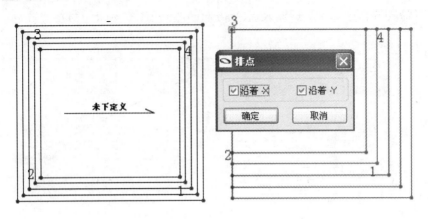

图 3—1—17

第二节　衣身原型推版

部位档差:

部位	胸围	背长
档差	3	1

在推版前首先要进行尺码表设定。在 PDS10 主界面菜单栏里选择放码点击,出现下拉菜

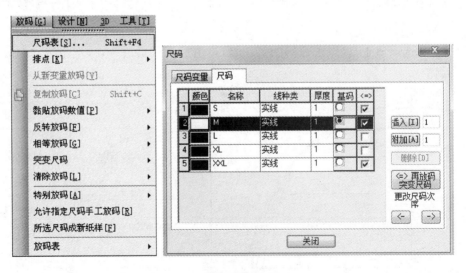

图 3—2—1

单,选择尺码表点击,弹出尺码对话框,点击插入,插入所需要的尺码数量,并更改尺码的名称,
选择 M 号为基码(可选择任意码作为基码)。设定完尺码表后,按照点放码的原则,只需选择
每个放码点,输入 dx、dy 的值即可。

推版步骤如下:

	点编号	dx	dy	图示
后片	点 1	0	−0.5	图 3−2−2
	点 2	−0.15	−0.55	图 3−2−3
	点 3	−0.5	−0.45	图 3−2−4
	点 4	−0.75	0	图 3−2−5
	点 5	−0.75	0.5	图 3−2−6
	点 6	0	0.5	图 3−2−7
前片	点 2	0.15	−0.5	图 3−2−8
	点 3	0	−0.35	图 3−2−9
	点 4	0	0.57	图 3−2−10
	点 5	0.25	0.57	图 3−2−11
	点 6	0.75	0.5	图 3−2−12
	点 7	0.75	0	图 3−2−13
	点 1	0.5	−0.45	图 3−2−14

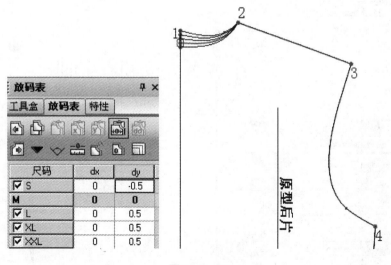

图 3−2−2

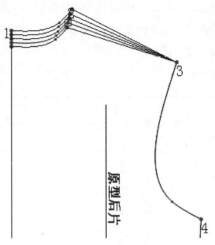

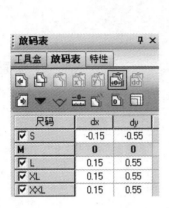

图 3—2—3

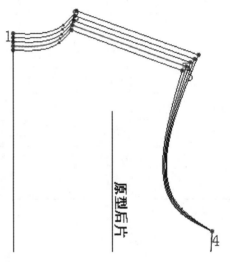

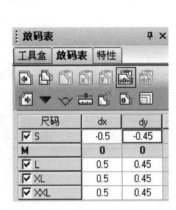

图 3—2—4

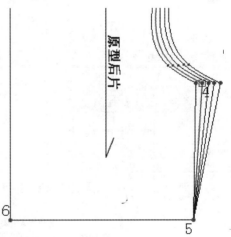

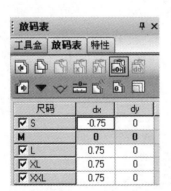

图 3—2—5

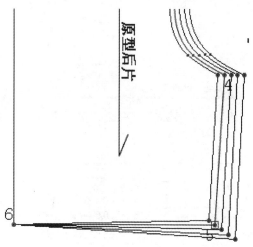

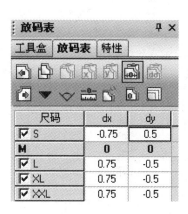

图 3－2－6

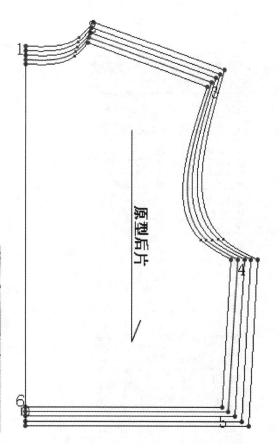

图 3－2－7

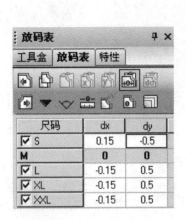

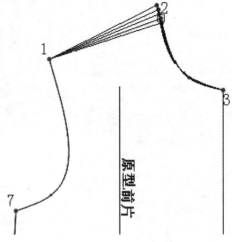

图 3—2—8

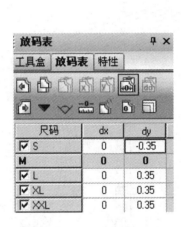

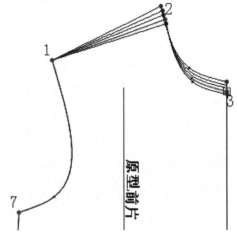

图 3—2—9

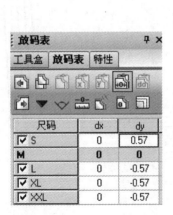

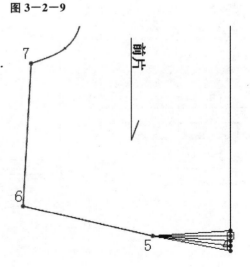

图 3—2—10

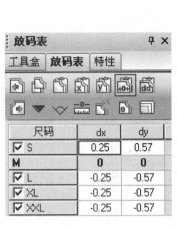
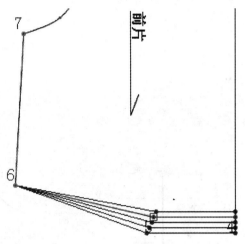

尺码	dx	dy
☑ S	0.25	0.57
M	0	0
☑ L	-0.25	-0.57
☑ XL	-0.25	-0.57
☑ XXL	-0.25	-0.57

图 3—2—11

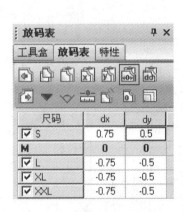
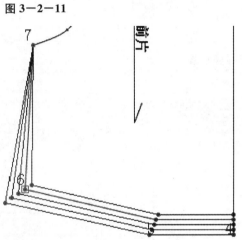

尺码	dx	dy
☑ S	0.75	0.5
M	0	0
☑ L	-0.75	-0.5
☑ XL	-0.75	-0.5
☑ XXL	-0.75	-0.5

图 3—2—12

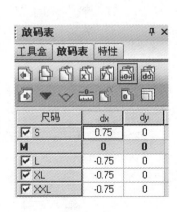
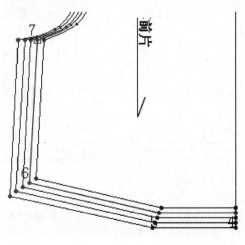

尺码	dx	dy
☑ S	0.75	0
M	0	0
☑ L	-0.75	0
☑ XL	-0.75	0
☑ XXL	-0.75	0

图 3—2—13

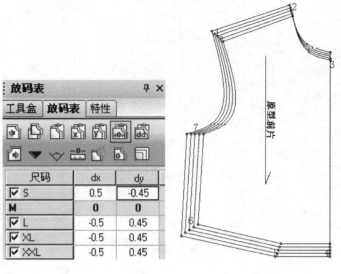

图 3—2—14

衣身原型推版完成图。

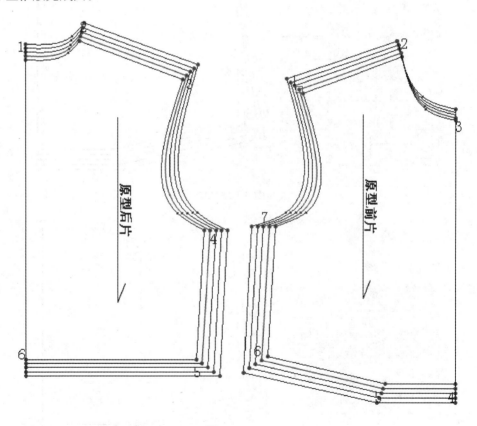

图 3—2—15

第四章

服装打版实例

第一节　直裙打版

规格尺寸：

部位	腰围	臀围	裙长
规格	68	96	60

款式特点：

直裙又名筒裙,臀围和腰围至裙摆几乎呈一条直线,外形似筒状。绱腰,前片共收四个省,后片共收两个省。面料可选用中高档面料。适合中青年和老年妇女穿着。

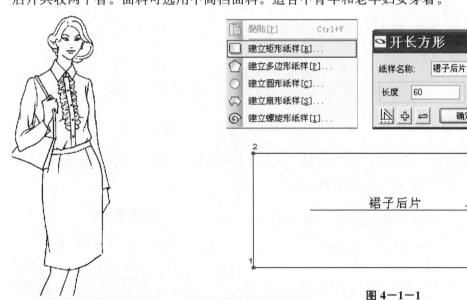

图 4—1—1

1. □开新文件或在工作区内右击鼠标,选择建立矩形纸样,弹出"开长方形"对话框,在纸样名称里输入裙子后片,长度60,宽度24,点击确定或按回车键(图4—1—1)。

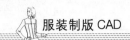
服装制版 CAD

2. 选用工具"点古图形(O)",在2—3线上点击,弹出"点特性"对话框,在点种类放码上打勾,之前点输入数据17,点击确定或按回车键(图4—1—2)。

3. 选用工具"点古图形(O)",在1—5线上点击,弹出"点特性"对话框,在点种类放码上打勾,下一点输入数据17,点击确定或按回车键(图4—1—3)。

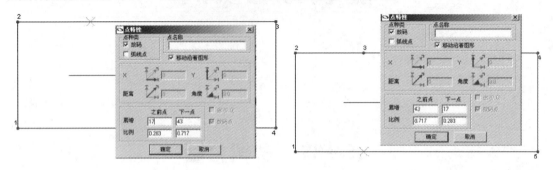

图4—1—2   图4—1—3

4. 选用工具"移动点(M)"点击点2向外移动,弹出"移动点"对话框,水平方向输入数据-0.7,垂直方向输入数据-2.5,点击确定或按回车键(图4—1—4)。

5. 选用工具"移动点"同时按着shift键(shift+M),将2—3线移动成弧线,点击确定或按回车键(图4—1—5)。

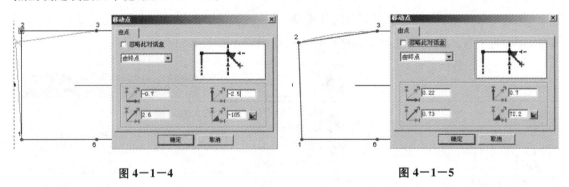

图4—1—4   图4—1—5

6. 选用工具"移动点"(M),点击点1向右移动,弹出"移动点"对话框,水平方向输入数据1,点击确定或按回车键(图4—1—6)。

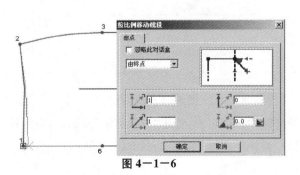

图4—1—6

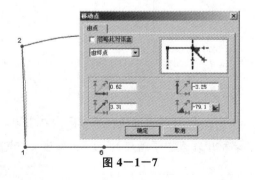

图4—1—7

7. 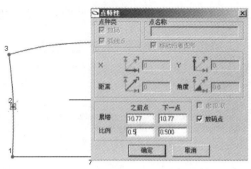 选用工具"移动点"同时按着 shift 键(shift+M),将 1—2 线移动成弧线,点击确定或按回车键(图 4—1—7)。

8. **死褶 (Ctrl+Alt+D)** 选用工具"死褶",在 1—2 线上点击,在弹出的"点特性"对话框中输入比例 0.5,点击确定省道的第一点(图 4—1—8)。

9. 继续点击,在弹出的"点特性"对话框中输入之前点为 3 cm,点击确定省道宽度的第二点(图 4—1—9)。鼠标会移至省道的中心位置,向纸样内部拖动并点击,在"特性"里输入省道的"深度"即可(图 4—1—10)。

图 4—1—8

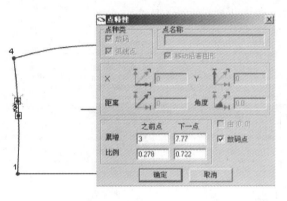

图 4—1—9

图 4—1—10

10. 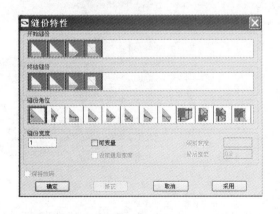 选用工具"缝份",在裙子后片纸样上点击任意一点两下,弹出对话框"缝份特性",输入缝份宽度为 1 cm,点击确定。此时裙子后片缝份均为 1 cm(图 4—1—11)。

图 4—1—11

11. **缝份 (S)** 选用工具"缝份",顺时针点击 6—7 线,弹出对话框"缝份特性",输入缝份宽度为 3 cm,点击确定。此时裙子后片底边缝份改为 3 cm(图4-1-12)。

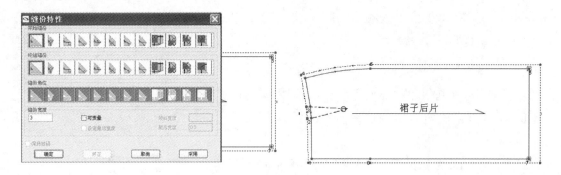

图4-1-12

12. ▢开新文件或在工作区内右击鼠标,选择建立矩形纸样,弹出"开长方形"对话框,在纸样名称里输入裙子前片,长度60,宽度24,点击确定或按回车键(图4-1-13)。

图4-1-13

13. ╋╸点古图形(O) 选用工具"点古图形(O)",在2-3线上点击,弹出"点特性"对话框,在点种类放码上打勾,之前点输入数据17,点击确定或按回车键(图4-1-14)。

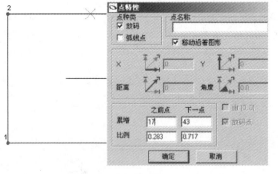
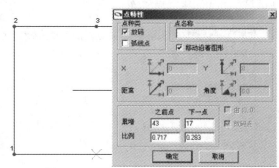

图4-1-14   图4-1-15

14. ╋ 点古图形(O) 选用工具"点古图形(O)",在1-5线上点击,弹出"点特性"对话框,在点种类放码上打勾,下一点输入数据17,点击确定或按回车键(图4-1-15)。

15. ↠ 移动点(M) 选用工具"移动点(M)"点击点1向外移动,弹出"移动点"对话框,水平方向输入数据－0.7,垂直方向输入数据2.5,点击确定或按回车键(图4－1－16)。

图4－1－16　　　　　　　　　　　　　图4－1－17

16.　移动点 (M)选用工具"移动点"同时按着 shift 键(shift＋M),将1－6线移动成弧线,点击确定或按回车键(图4－1－17)。

17.　移动点 (M)选用工具"移动点"同时按着 shift 键(shift＋M),将1－2线移动成弧线,点击确定或按回车键(图4－1－18)。

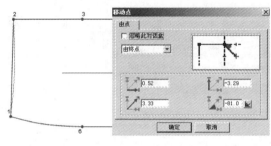
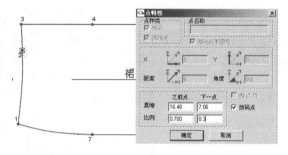

图4－1－18　　　　　　　　　　　　　图4－1－19

18.　死褶 (Ctrl+Alt+D)选用工具"死褶",在1－2线上点击,在弹出的"点特性"对话框中下一点处输入比例0.3,点击确定省道的第一点(图4－1－19)。

19. 继续点击,在弹出的"点特性"对话框中输入下一点为2.5 cm,点击确定省道宽度的第二点。鼠标会移至省道的中心位置,向纸样内部拖动并点击,在"特性"里输入省道的"深度"即可(图4－1－20)。

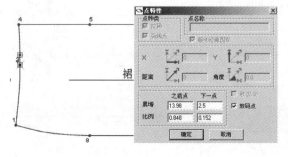
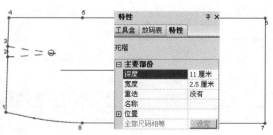

图4－1－20

20. ▽ 死褶 (Ctrl+Alt+D) 选用工具"死褶",在 1—2 线上点击,在弹出的"点特性"对话框中输入比例 0.5,点击确定省道的第一点(图 4—1—21)。

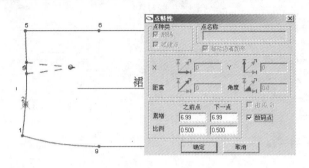

图 4—1—21

21. 继续点击,在弹出的"点特性"对话框中输入下一点为 2.5cm,点击确定省道宽度的第二点。鼠标会移至省道的中心位置,向纸样内部拖动并点击,在"特性"里输入省道的"深度"即可(图 4—1—22)。

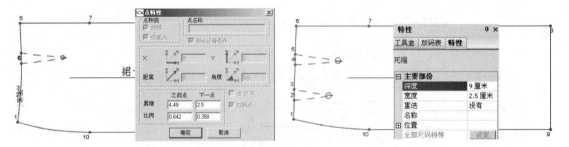

图 4—1—22

22. 🖱 缝份 (S) 选用工具"缝份",在裙子前片纸样上点击任意一点两下,弹出对话框"缝份特性",输入缝份宽度为 1 cm,点击确定。此时裙子前片缝份均为 1 cm(图 4—1—23)。

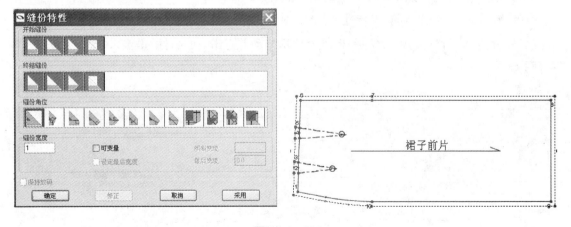

图 4—1—23

23. **缝份 (S)** 选用工具"缝份",顺时针点击 8－9 线,弹出对话框"缝份特性",输入缝份宽度为 3 cm,点击确定。此时裙子前片底边缝份改为 3 cm(图 4－1－24)。

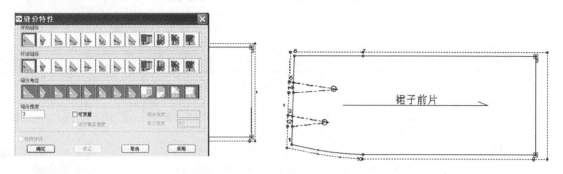

图 4－1－24

24. 开新文件或在工作区内右击鼠标,选择建立矩形纸样,出现"开长方形"对话框,在纸样名称里输入腰,长度 70,宽度 3,点击确定或按回车键(图 4－1－25)。

图 4－1－25

25. 裙子打版完成图。

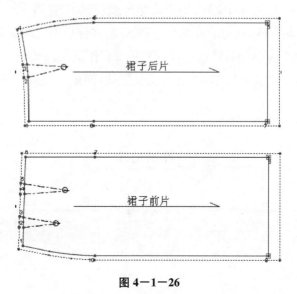

图 4－1－26

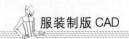
第二节　无腰女裤打版

规格尺寸：

部位	腰围	臀围	裤长	立裆	脚口
规格	68	96	95	27	44

款式特点：

无腰女裤，任何人都可以穿。根据爱好的不同，前片的活褶可以变化成抽褶或省道等。

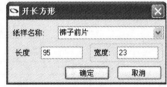

图 4—2—1

1. □开新文件或在工作区内右击鼠标，选择建立矩形纸样，出现"开长方形"对话框，在纸样名称里输入裤子前片，长度 95，宽度 23，点击确定或按回车键（图 4—2—1）。

2. 过点 1 作垂直辅助线，按着 ctrl 键左击辅助线，在弹出的对话框中输入数据 16，作臀围辅助线；按同样的方法在弹出的对话框中输入数据 24，作横裆辅助线。按着 ctrl 键左击臀围辅助线，在弹出的对话框中输入数据 44，作中裆辅助线（图 4—2—2）。

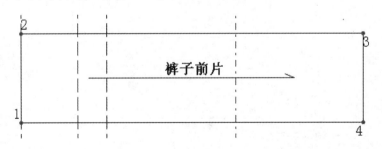

图 4—2—2

3. ![点古图形 (O)] 用工具点古图形(O),将2－3线与各辅助线的交点加上放码点3、点4、点5;同样在1－4线上也加上放码点8、点9点10(图4－2－3)。

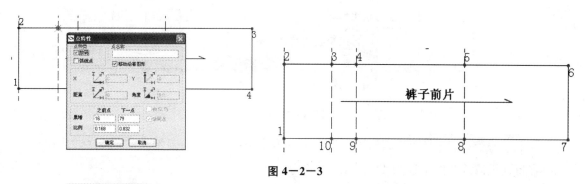

图4－2－3

4. ![移动点 (M)] 选用工具"移动点(M)"点击点4向外移动,出现"移动点"对话框,垂直方向输入数据4,点击确定或按回车键,定小裆宽(图4－2－4)。

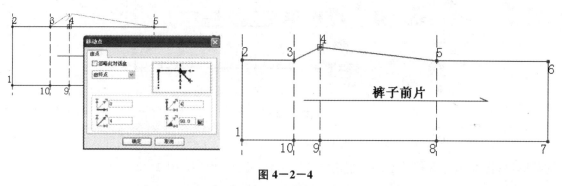

图4－2－4

5. 过点4作水平辅助线,双击该辅助线,在弹出的对话框中输入数据－14,作裤中辅助线(图4－2－5)。

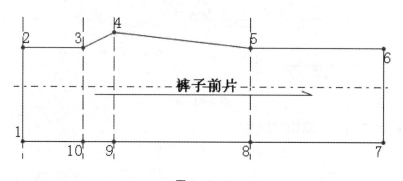

图4－2－5

6. ![圆形 (Ctrl+Alt+C)] 选用工具"圆形"以6－7线与裤中辅助线的交点为圆心作圆。在特性里修改圆的半径为10(图4－2－6)。

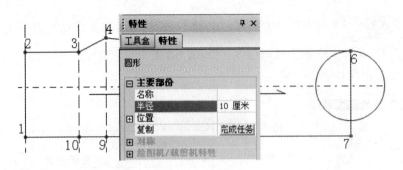

图 4—2—6

7. 圆形 (Ctrl+Alt+C) 选用工具"圆形"以中档辅助线与裤中辅助线的交点为圆心作圆。在特性里修改圆的半径为 11(图 4—2—7)。

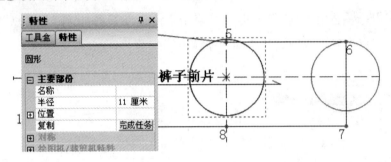

图 4—2—7

8. 移动点 (M 选用工具"移动点(M)"依次将点 6、点 7 移动至圆与辅助线的交点处,定前片脚口;将点 5、点 8 移动至圆与辅助线的交点处,定前片中档(图 4—2—8)。

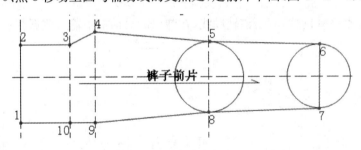

图 4—2—8

9. 选择圆形,按 delete 删除(图 4—2—9)。

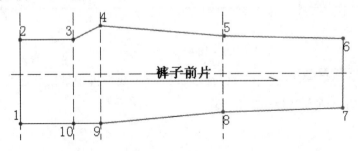

图 4—2—9

10. 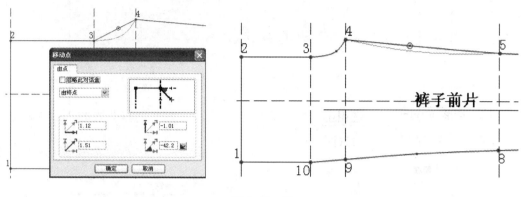 选用工具"移动点"同时按着 shift 键(shift＋M),将 3－4 线移动成弧线,即前裆弧线。用同样的方法圆顺 4－5 线、8－9 线(图 4－2－10)。

图 4－2－10

11. 选用工具"移动点",将点 1 向上移动,在弹出的对话框里垂直方向输入数据 1.5,点击确定或按回车键(图 4－2－11)。

12. 选用工具"移动点"同时按着 shift 键(shift＋M),将 1－10 线移动成弧线,完成裤子前片外轮廓线制图(图 4－2－12)。

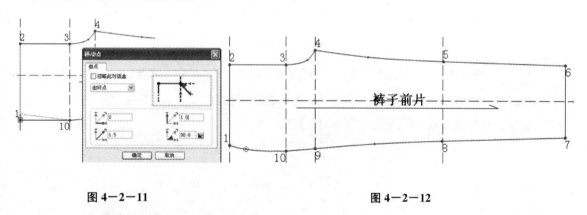

图 4－2－11　　　　　　　　　　　　　　　**图 4－2－12**

13. 死褶 (Ctrl+Alt+D)选择工具"死褶"在 1－3 线上点击,在之前点输入比例 0.3,点击确定或按回车键。继续在 2－3 线上点击,在之前点输入数据 2,点击确定或按回车键。向外拖出,在特性里修改死褶的深度为 8 厘米(图 4－2－13)。

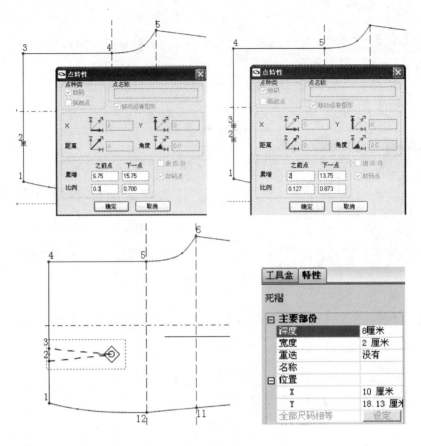

图 4-2-13

14. 死褶 (Ctrl+Alt+D)选择工具"死褶"在 3-4 线上点击,在之前点输入比例 0.5,点击确定或按回车键。继续在 4-5 线上点击,在之前点输入数据 2,点击确定或按回车键。向外拖出,在特性里修改死褶的深度为 9 厘米(图 4-2-14)。

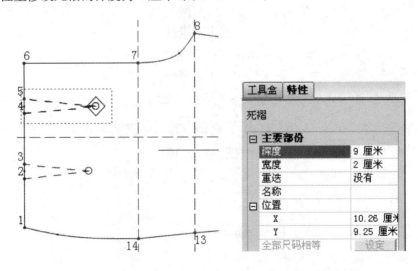

图 4-2-14

15. 裤子前片完成图(图 4－2－15)。

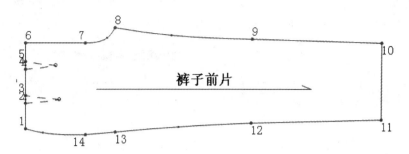

图 4－2－15

16. □ 开新文件或在工作区内右击鼠标,选择建立矩形纸样,出现"开长方形"对话框,在纸样名称里输入裤子后片,长度 95,宽度 26,点击确定或按回车键(图 4－2－16)。

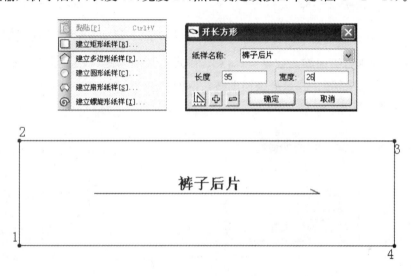

图 4－2－16

17. 过点 1 作垂直辅助线,按着 ctrl 键左击辅助线,在弹出的对话框中输入数据 16,作臀围辅助线;按同样的方法在弹出的对话框中输入数据 24,作横裆辅助线。按着 ctrl 键左击臀围辅助线,在弹出的对话框中输入数据 44,作中裆辅助线(图 4－2－17)。

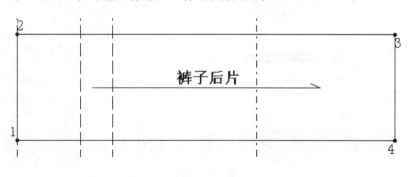

图 4－2－17

18. 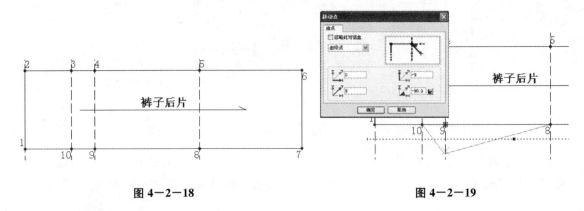 点古图形 (O) 选用工具"点古图形(O)",将2—3线与各辅助线的交点加上放码点3、点4、点5;同样在1—4线上也加上放码点8、点9、点10(图4—2—18)。

图4—2—18   图4—2—19

19. 移动点 (M) 选用工具"移动点(M)"点击点9向下移动,出现"移动点"对话框,水平放向输入数据1.5垂直方向输入数据—11,点击确定或按回车键,确定大档宽(图4—2—19)。

20. 过点9作水平辅助线,双击该辅助线,在弹出的对话框中输入数据—13.5,作裤中辅助线(图4—2—20)。

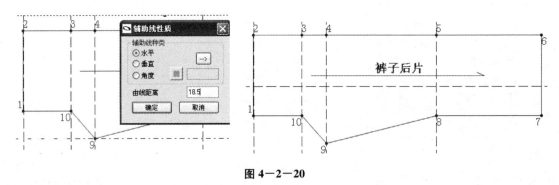

图4—2—20

21. 移动点 (M) 选用工具"移动点(M)"点击点1向外移动,出现"移动点"对话框,水平方向输入数据—2.5、垂直方向输入数据3.5,点击确定或按回车键,定后档斜线(图4—2—21)。

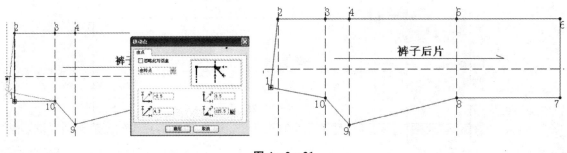

图4—2—21

22. ⊗ **圆形 (Ctrl+Alt+C)** 选用工具"圆形"以 6—7 线与裤中辅助线的交点为圆心作圆。在特性里修改圆的半径为 11。以中裆辅助线与裤中辅助线的交点为圆心作圆,在特性里修改圆的半径为 12(图 4—2—22)。

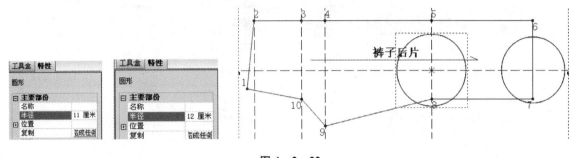

图 4—2—22

23. ⬩ **移动点 (M)** 选用工具"移动点(M)"依次将点 6、点 7 移动至圆与辅助线的交点处,定后片脚口;将点 5、点 8 移动至圆与辅助线的交点处,定后片中裆(图 4—2—23)。

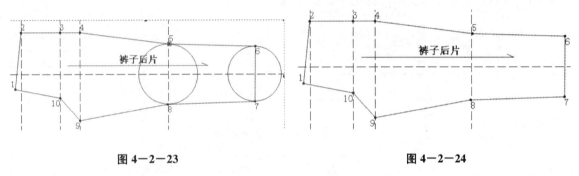

图 4—2—23　　　　　　　　　图 4—2—24

24. 选择圆形,按 delete 删除(图 4—2—24)。

25. ⬩ **移动点 (M)** 选用工具"移动点"同时按着 shift 键(shift＋M),将 9—10 线移动成弧线,即后裆弧线。用同样的方法圆顺 2—5 线、8—9 线(图 4—2—25)。

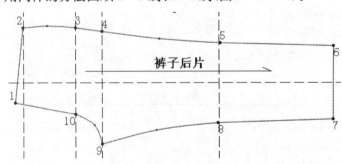

图 4—2—25

26. 选择工具"死褶"在 1—2 线上点击,在之前点输入比例 0.3,点击确定或按回车键。继续在 2—3 线上点击,在之前点输入数据 2.5,点击确定或按回车键。向外拖出,在特性里修改死褶的深度为 11 厘米(图 4—2—26)。

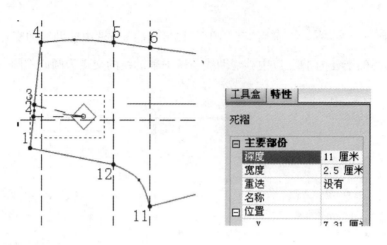

图 4—2—26

27. ◆ 死褶 (Ctrl+Alt+D)选择工具"死褶"在 3—4 线上点击,在之前点输入比例 0.5,点击确定或按回车键。继续在 4—5 线上点击,在之前点输入数据 2.5,点击确定或按回车键。向外拖出,在特性里修改死褶的深度为 9 厘米(图 4—2—27)。

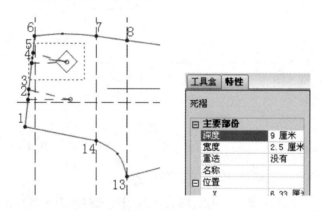

图 4—2—27

28. 裤子后片完成图(图 4—2—28)。

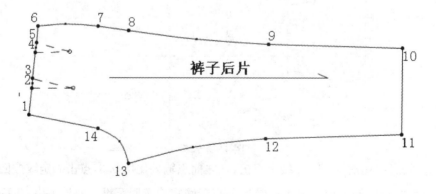

图 4—2—28

29. 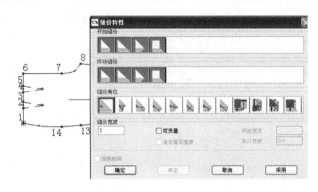选用工具"缝份",在裤子前片纸样上点击任意一点两下,弹出对话框"缝份特性",输入缝份宽度为 1 cm,点击确定。此时裤子前片缝份均为 1 cm(图 4—2—29)。

图 4—2—29

30. 选用工具"缝份",顺时针点击 10—11 线,弹出对话框"缝份特性",输入缝份宽度为 3 cm,点击确定。此时裤子前片底边缝份改为 3 cm(图 4—2—30)。

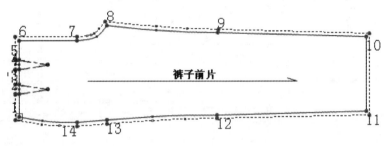

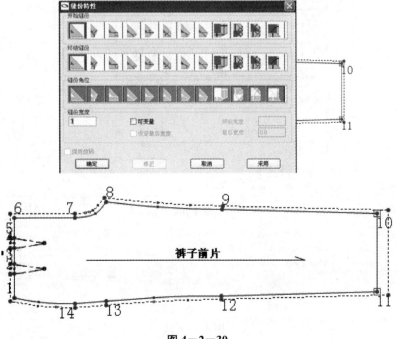

图 4—2—30

31. 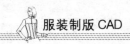 选用工具"缝份",在裤子后片纸样上点击任意一点两下,弹出对话框"缝份特性",输入缝份宽度为 1 cm,点击确定。此时裤子后片缝份均为 1 cm(图 4—2—31)。

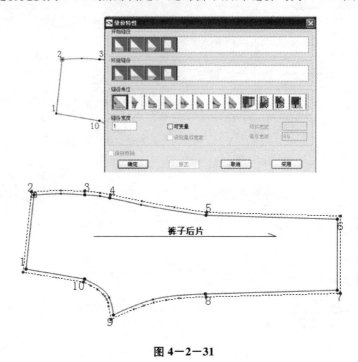

图 4—2—31

32. 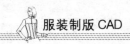 选用工具"缝份",顺时针点击 6—7 线,弹出对话框"缝份特性",输入缝份宽度为 3 cm,点击确定。此时裤子后片底边缝份改为 3 cm(图 4—2—32)。

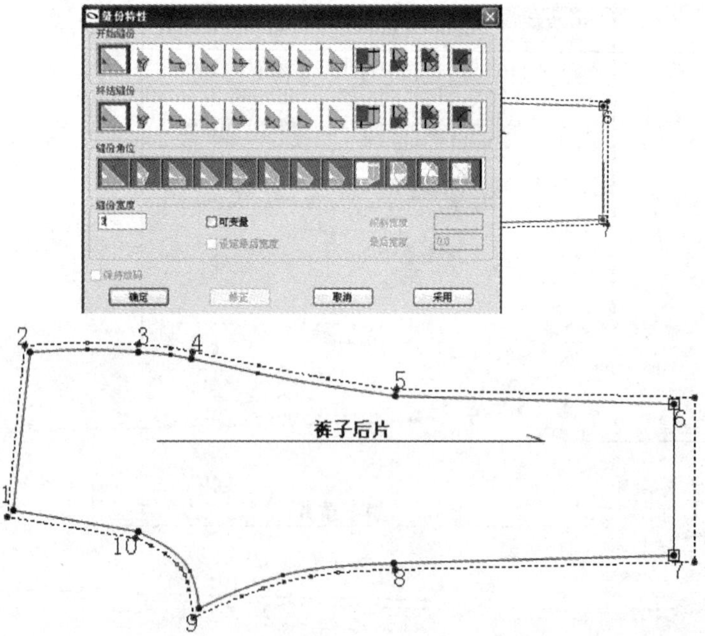

图 4—2—32

33. 裤子打版完成图(图4—2—33)。

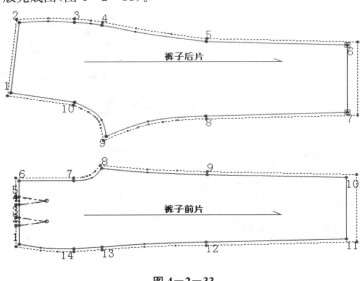

图 4—2—33

第三节　女式休闲衬衫打版

规格尺寸:

部位	衣长	胸围	肩宽	袖长	领围
规格	55	100	42	58	41

款式特点:

此款衬衫宽松量较大,属于休闲衬衫。根据材质的不同,余量的大小与长短、袖头可根据当时的流行趋势而定。领型为小尖领,前面中间开襟钉钮6粒。前中加长,为一飘带设计,左前片有一明贴袋。袖型为一片式长袖,装袖头。

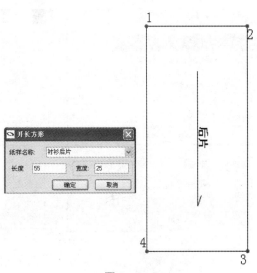

图 4—3—1

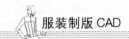

1. □ 开新文件或在工作区内右击鼠标,选择建立矩形纸样,出现"开长方形"对话框,在纸样名称里输入后片,长度55,宽度25,点击确定或按回车键(图4-3-1)。

2. ⊹ 点古图形 (O) 选用工具"点占图形(O)",在1-2线上点击,出现对话框"点特性",在点种类放码上打勾,之前点输入数据7.8,点击确定或按回车键,定后领宽(图4-3-2)。

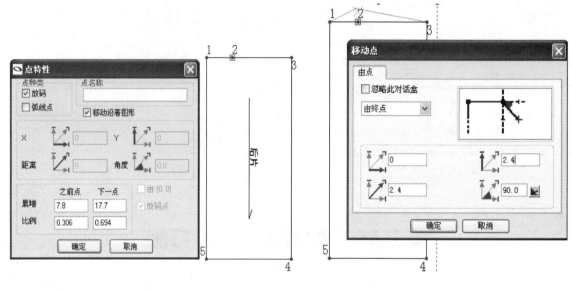

图4-3-2　　　　　　　　　　　　　　　图4-3-3

3. ⊷ 移动点 (M) 选用工具"移动点(M)"点击点2向外移动,出现"移动点"对话框,垂直方向输入数据2.4,点击确定或按回车键,定后领深(图4-3-3)。

4. ⊹ 点古图形 (O) 选用工具"点古图形(O)",在3-4线上点击,出现对话框"点特性",在点种类放码上打勾,之前点输入数据21.5定袖窿深,点击确定或按回车键(图4-3-4)。

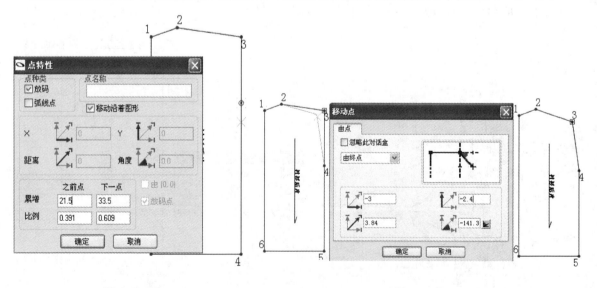

图4-3-4　　　　　　　　　　　　　　　图4-3-5

5. 移动点 (M) 选用工具"移动点(M)"点击点 3 向外移动,出现"移动点"对话框,水平方向输入数据−3,垂直方向输入数据−2.4,按回车键,定肩端点(图 4−3−5)。

6. 过 1 点分别作一条垂直辅助线和一条水平辅助线,双击垂直辅助线,输入距离 18.5,按回车键,作背宽线(图 4−3−6)。

1.

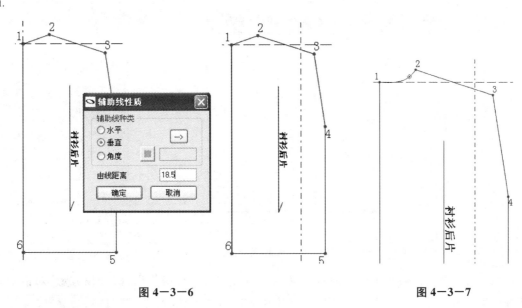

图 4−3−6   图 4−3−7

7. 移动点 (M) 选用工具"移动点"同时按着 shift 键(shift+M),将 1−2 线移动成弧线,点击确定或按回车键,即后领弧线(图 4−3−7)。

8. 移动点 (M) 选用工具移动点同时按着 shift 键(shift+M),将 3−4 线移动成弧线,点击确定或按回车键,即后袖窿弧线(图 4−3−8)。

9. 距离点 1 为 21 cm、37 cm 分别作水平辅助线,确定胸围线和腰围线位置(图 4−3−9)。

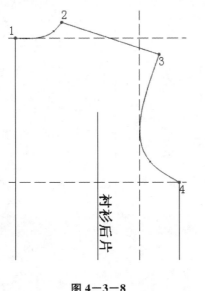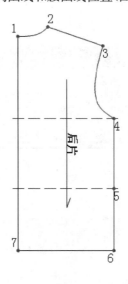

图 4−3−8   图 4−3−9

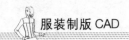

10. 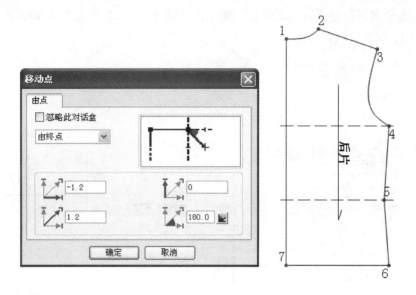选用工具"移动点(M)"点击点 5 向右移动,出现"移动点"对话框,水平方向输入数据－1.2,垂直方向输入数据 0,按回车键(图 4－3－10)。

图 4－3－10

11. □ 开新文件或在工作区内右击鼠标,选择建立矩形纸样,出现"开长方形"对话框,在纸样名称里输入前片,长度 55,宽度 25,点击确定或按回车键(图 4－3－11)。

12. 距离 1－2 线 25.5 cm、41 cm 分别作水平辅助线,确定胸围线和腰围线位置,并用工具点古图形(O)加放码点 5、放码点 6(图 4－3－12)。

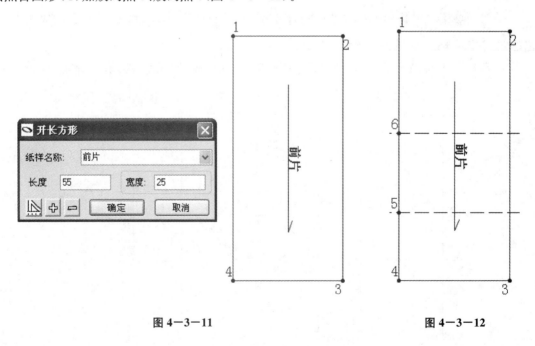

图 4－3－11   图 4－3－12

13. 选用工具"点古图形(O)",在 1－2 线上点击,出现对话框点特性,在点种类放码上打勾,下一点输入数据 7.5 定前领宽;在 3－4 线上点击,出现对话框点特性,在点种类放码上打勾,下一点输入数据 8.5 定前领深,点击确定或按回车键(图 4－3－13)。

14. 选中点 3,点击 DELETE 键删除(图 4－3－14)。

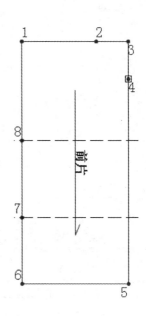

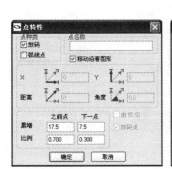

图 4－3－13

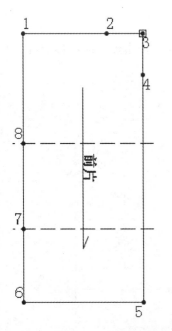

图 4－3－14

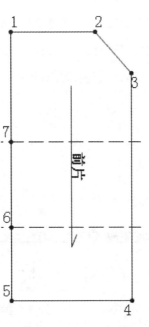

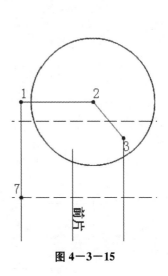

图 4－3－15

15. 距离 1—2 线 4.5 cm 作水平辅助线,选用工具"圆形",以点 2 为圆心作圆,半径为后肩长—0.5 cm(图 4—3—15)。

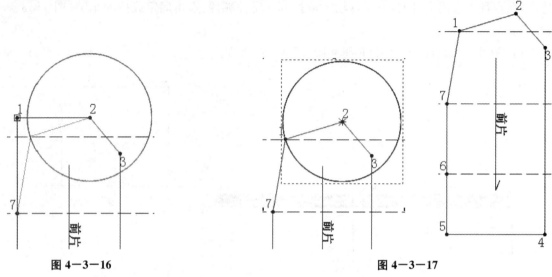

图 4—3—16   图 4—3—17

16. 移动点 (M)选用工具"移动点(M)"点击点 1 移动至圆与水平辅助线的交点,定前肩端点(图 4—3—16)。

17. 选中圆形,点击 DELETE 键删除(图 4—3—17)。

18. 移动点 (M)选用工具"移动点"同时按着 shift 键(shift+M),将 2—3 线移动成弧线,即前领弧线;将 1—7 线移动成弧线,即前袖窿弧线(图 4—3—18)。

19. 移动点 (M)选用工具"移动点"同时按着 shift 键(shift+M),点击点 6 向右移动,在弹出的对话框中水平方向输入数据 1.2 cm,点击确定(图 4—3—19)。

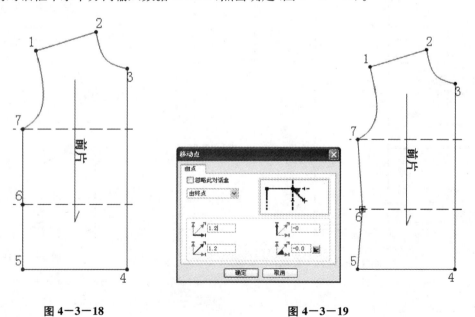

图 4—3—18   图 4—3—19

20. 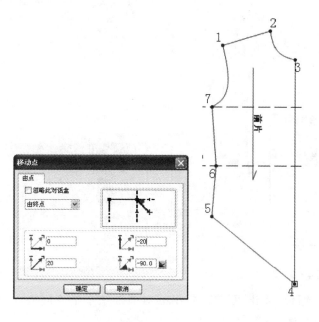 **移动点 M** 选用工具"移动点(M)"点击点 4 向下移动,出现"移动点"对话框,垂直方向输入数据－20,点击确定或按回车键(图－3－20)。

图 4－3－20

21. **移动点 M** 选用工具"移动点"同时按着 shift 键(shift＋M),将 4－5 线移动成弧线(图 4－3－21)。

22. 用水平辅助线和垂直辅助线定好口袋的位置,选用"草图"工具画出口袋(图 4－3－22)。

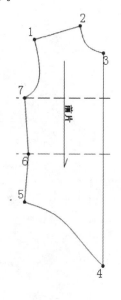

图 4－3－21

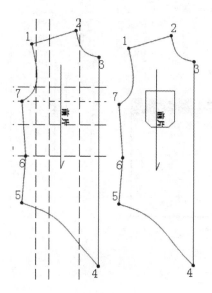

图 4－3－22

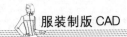
23. 选用"移动固定线段(平行移动)"工具,点击 3—4 线向外移动,在弹出的对话框中水平方向输入 1.5 cm,定前门襟(图 4—3—23)。

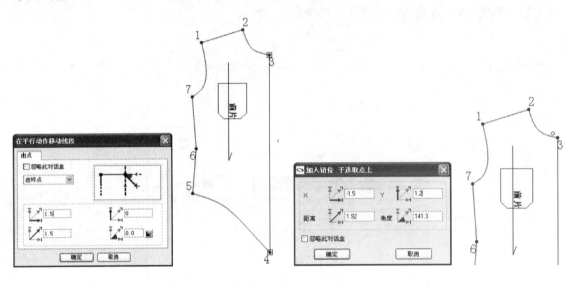

图 4—3—23   图 4—3—24

24. 选用工具"钮位"点击点 3,在弹出的对话框中水平方向输入 −1.5,垂直方向输入 1.2,定第一扣的位置(图 4—3—24)。

25. 选中第一粒扣,在特性里点击复制,在弹出的对话框中输入 5,垂直方向输入 −8,间隔 8 cm 复制出其它 5 粒扣(图 4—3—25)。

26. □ 开新文件或在工作区内右击鼠标,选择建立矩形纸样,出现"开长方形"对话框,在纸样名称里输入袖子,长度 52,宽度 48,点击确定或按回车键(图 4—3—26)。

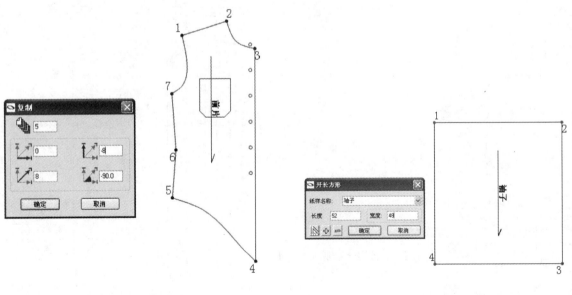

图 4—3—25   图 4—3—26

27. 距离1—2线为胸围/10作水平辅助线作为袖开深线,过1—2线的中点作垂直辅助线作为袖中线(图4—3—27)。

28. 点古图形 (O)选用工具"点古图形(O)"加点2、点4、点7(图4—3—28)。

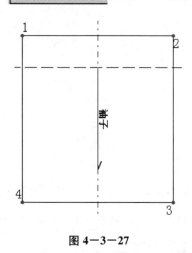

图4—3—27

图4—3—28

29. 分别选中点1和点3,点击DELETE键删除(图4—3—29)。

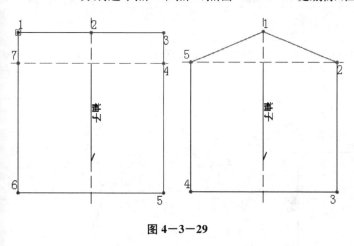

图4—3—29

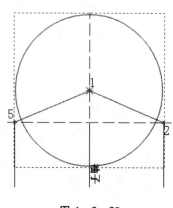

图4—3—30

30. 圆形 (Ctrl+Alt+C)选用工具"圆形"以点1为圆心作圆,在特性里修改圆的半径为后AH—0.3 cm(图4—3—30)。

31. 移动点 (M)选用工具"移动点(M)"将点5移动至圆与袖开深辅助线的交点处,定后袖肥(图4—3—31)。

32. 选中圆形,点击DELETE键删除(图4—3—32)。

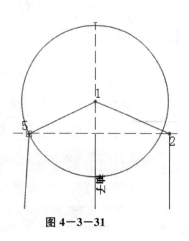

图4—3—31

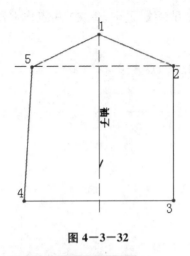

图 4—3—32

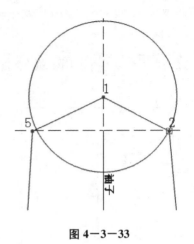

图 4—3—33

33. 选用工具"圆形"以点 1 为圆心作圆。在特性里修改圆的半径为前 AH—0.5 cm；选用工具"移动点(M)"，将点 5 移动至圆与袖开深辅助线的交点处，定前袖肥(图 4—3—33)；选中圆形，点击 DELETE 键删除。

34. 选用工具"圆形"以袖中线与袖口线的交点为圆心作圆。在特性里修改圆的半径为 11 cm(图 4—3—34)。

35. 选用工具"移动点(M)"将点 3、点 4 分别移动至圆与袖口线的交点处，定袖口(图 4—3—35)。

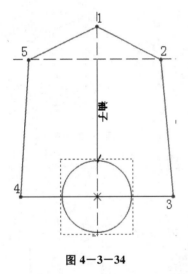

图 4—3—34

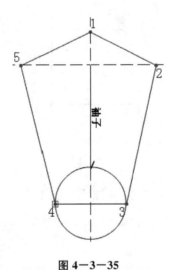

图 4—3—35

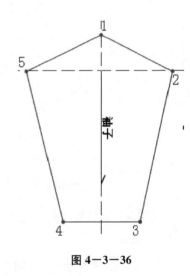

图 4—3—36

36. 选中圆形，点击 DELETE 键删除(图 4—3—36)。

37. 选用工具"点古图形(O)"，在 1—2 线上点击，出现对话框"点特性"，在点种类放码上打勾，输入比例 0.5，点击确定或按回车键，定前袖窿弧线转折点(图 4—3—37)。

38. 选用工具"点古图形(O)"，在 1—6 线上点击，出现对话框"点特性"，在点种类放码上打勾,输入比例0.5,点击确定或按回车键,定后袖窿弧线转折点(图4—3—38)。

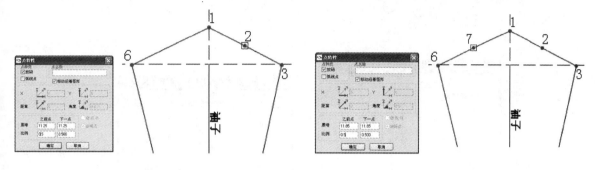

图4—3—37　　　　　　　　　　　　图4—3—38

39. 　移动点 (M)选用工具"移动点"同时按着 shift 键(shift＋M),将1—2线移动成弧线(凸出1.2cm,图4—3—39)。

40. 　移动点 (M)选用工具"移动点"同时按着 shift 键(shift＋M),将2—3线移动成弧线(凹进1cm,图4—3—40)。

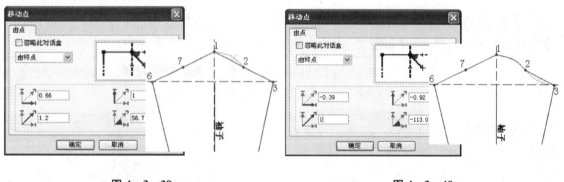

图4—3—39　　　　　　　　　　　　图4—3—40

41. 　移动点 (M)选用工具"移动点"同时按着 shift 键(shift＋M),将1—7线移动成弧线(凸出1.5 cm,图4—3—41)。

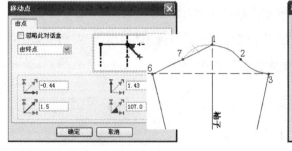
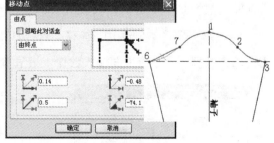

图4—3—41　　　　　　　　　　　　图4—3—42

42. 　移动点 (M)选用工具"移动点"同时按着 shift 键(shift＋M),将6—7线移动成弧线(凹进0.5 cm,图4—3—42)。

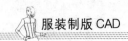

43. 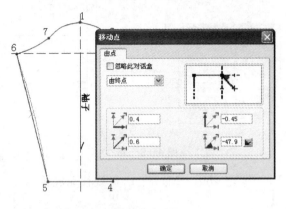选用工具"移动点"同时按着 shift 键(shift+M),将 5—6 线移动成弧线(凹进 0.6 cm,图 4—3—43)。

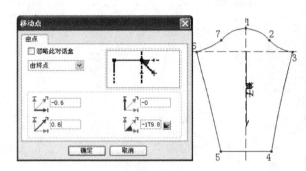

图 4—3—43　　　　　　　　　　　　图 4—3—44

44. 选用工具"移动点"同时按着 shift 键(shift+M),将 3—4 线移动成弧线(凹进 0.6 cm,图 4—3—44)。

45. 开新文件或在工作区内右击鼠标,选择建立矩形纸样,弹出"开长方形"对话框,在纸样名称里输入底领,长度 3,宽度 22,点击确定或按回车键(图 4—3—45)。

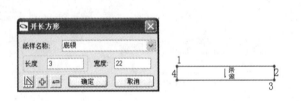

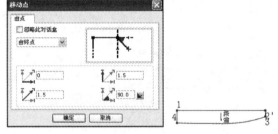

图 4—3—45　　　　　　　　　　　　图 4—3—46

46. 选用工具"移动点(M)"点击点 3 向上移动,弹出"移动点"对话框,水平方向输入数据 0,垂直方向输入数据 1.5,点击确定或按回车键(图 4—3—46)。

47. 选用工具"移动点(M)"点击点 2 向上移动,弹出"移动点"对话框,水平方向输入数据—1,垂直方向输入数据 1,点击确定或按回车键(图 4—3—47)。

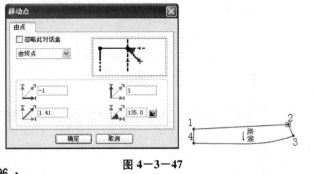

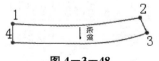

图 4—3—47　　　　　　　　　　　　图 4—3—48

48. 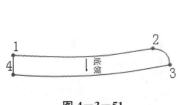 选用工具"移动点"同时按着 shift 键（shift＋M），将 1－2 线移动成弧线，点击确定或按回车键（图 4－3－48）。

49. 选用"加入点"工具点击点 3，在弹出的对话框中水平方向输入数据 1.5 cm，点击确定（图 4－3－49）。

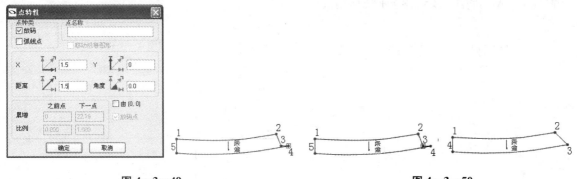

图 4－3－49　　　　　　　　　　　　　　　　图 4－3－50

50. 选中点 3，点击 DELETE 键删除（图 4－3－50）。

51. 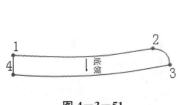 选用工具"移动点"同时按着 shift 键（shift＋M），将 2－3 线移动成弧线，点击确定或按回车键（图 4－3－51）。

52. □ 开新文件或在工作区内右击鼠标，选择建立矩形纸样，弹出"开长方形"对话框，在纸样名称里输入衣领，长度 4，宽度 22，点击确定或按回车键（图 4－3－52）。

图 4－3－51　　　　　　　　　　　　　　　　图 4－3－52

53. 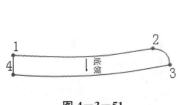 选用工具"移动点（M）"点击点 3 向下移动，弹出"移动点"对话框，水平方向输入数据－0.5，垂直方向输入数据－3.3，点击确定或按回车键（图 4－3－53）。

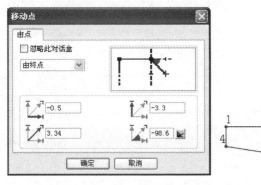

图 4－3－53　　　　　　　　　　　　　　　　图 4－3－54

54. 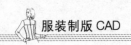 选用工具"移动点(M)"点击点 2 向上移动,根据领角款式定点 2 的位置(图 4—3—54)。

55. 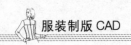 选用工具"移动点"同时按着 shift 键(shift+M),将 1—2 线、3—4 线移动成弧线(图 4—3—55)。

女式休闲衬衫打版完成图(图 4—3—56):

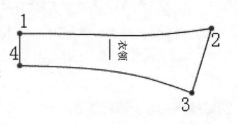

图 4—3—55

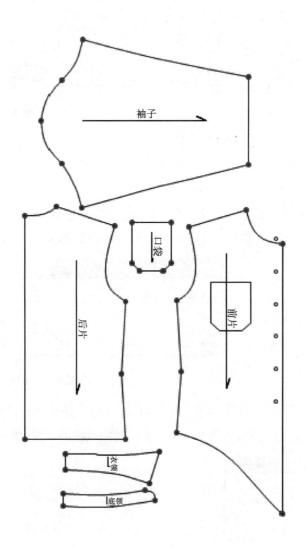

图 4—3—56

第四节　领圈抽褶无袖连衣裙打版

规格尺寸(单位 cm):

部位	衣长	胸围	腰围	臀围	领围
规格	75	88	70	90	38

款式特点:

此款裙子领型为立领,领圈处有抽褶设计,无袖,收腰。此款式除平时穿着外,还可作为礼服穿着。

后片打版步骤如下:

1. ▢ 开新文件或在工作区内右击鼠标,选择建立矩形纸样,出现"开长方形"对话框,在纸样名称里输入后片,长度 75,宽度 22.5,点击确定或按回车键(图4－4－1)。

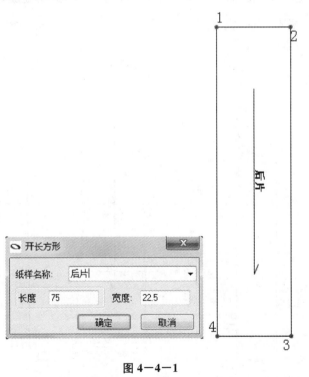

图 4－4－1

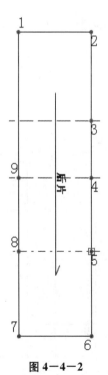

图 4－4－2

2. 距离 1－2 线为 21.5 cm、36 cm、54 cm 分别作水平辅助线作为胸围线、腰围线及臀围线;并选用工具"点古图形(O)"加点 3、点 4、点 5、点 8、点 9(图4－4－2)。

3. ⊹ **点古图形** (O) 选用工具"点古图形(O)",在 1－2 线上点击,出现对话框"点特性",在点种类放码上打勾,之前点输入数据 7.3,点击确定或按回车键,定后领宽(图4－4－3)。

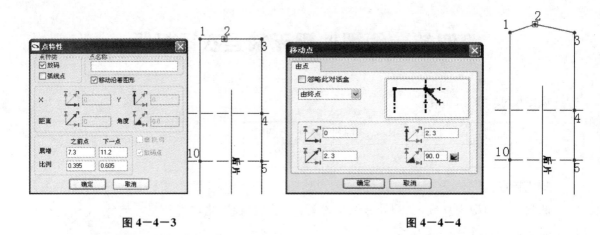

图 4—4—3　　　　　　　　　　　　　　图 4—4—4

4. **移动点（M）** 选用工具"移动点（M）"点击点 2 向上移动，出现"移动点"对话框，垂直方向输入数据 2.3，点击确定或按回车键，定后领深（图 4—4—4）。

5. 选中点 3，点击 DELETE 键删除（图 4—4—5）。

6. **移动点（M）** 选用工具"移动点"同时按着 shift 键（shift＋M），将 2—3 线移动成弧线，点击确定或按回车键，即后袖窿弧线（图 4—4—6）。

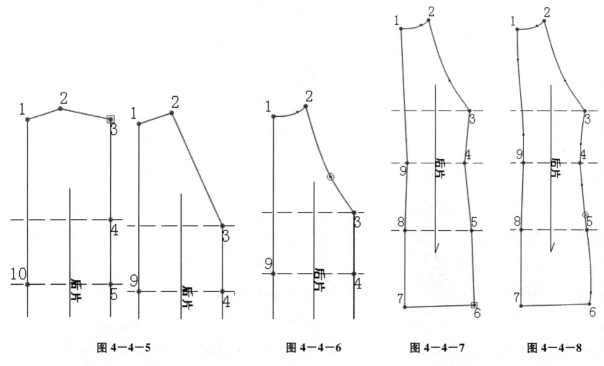

图 4—4—5　　　　　图 4—4—6　　　　　图 4—4—7　　　　　图 4—4—8

7. **移动点（M）** 选用工具"移动点（M）"分别点击点 9、点 8、点 7、点 4、点 5、点 6，在弹出的移动点对话框中，水平方向分别输入数据 1.6、1.2、1.2、－1.2、0.7、1,5，垂直方向分别输入数据 0、0、0.5、0、0、1，点击确定（图 4—4—7）。

8. **移动点** 选用工具"移动点"同时按着 shift 键(shift＋M),分别将 1－9 线、3－4 线、4－5 线、6－7 线移动成弧线,点击确定或按回车键(图 4－4－8)。

9. 过腰围线的中点作垂直辅助线作为省中线。

10. 选用"草图"工具点击腰围线与省中线的交点,在弹出的对话框中,选择由抓取点,水平方向输入数据 1.75,点击确定(图 4－4－9)。

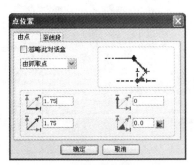

图 4－4－9

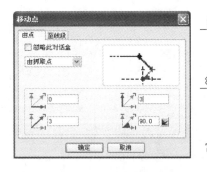

图 4－4－10

11. 选用"草图"工具点击胸围线与省中线的交点,在弹出的对话框中,选择由抓取点,垂直方向输入数据 3,点击确定(图 4－4－10)。

12. 选用"草图"工具点击腰围线与省中线的交点,在弹出的对话框中,选择由抓取点,水平方向输入数据－1.75,点击确定(图 4－4－11)。

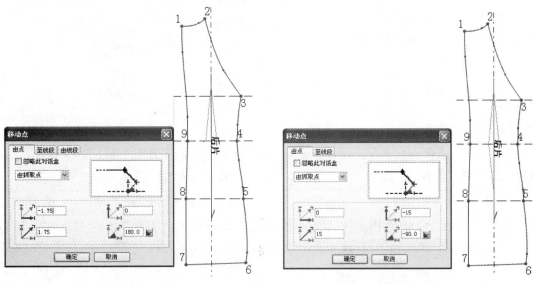

图 4－4－11

图 4－4－12

13. 选用"草图"工具点击腰围线与省中线的交点，在弹出的对话框中，选择由抓取点，垂直方向输入数据—15，点击确定(图4—4—12)。

14. 选用"草图"工具点击腰围线与省中线的交点，在弹出的对话框中，选择由抓取点，水平方向输入数据1.75(图4—4—13)，点击确定；在弹出的"完成读图"对话框中点击"是"(图4—4—14)。

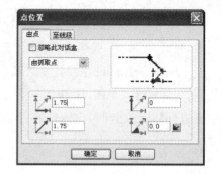

图 4—4—13

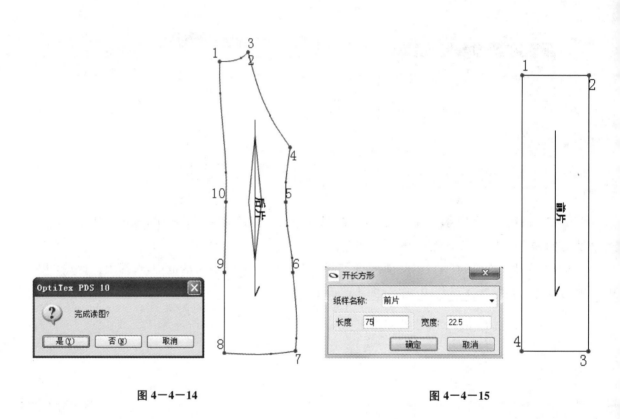

图 4—4—14　　　　　　　　　　图 4—4—15

前片打版步骤如下：

15. 开新文件或在工作区内右击鼠标，选择建立矩形纸样，出现"开长方形"对话框，在纸样名称里输入前片，长度75，宽度22.5，点击确定或按回车键(图4—4—15)。

16. 距离1—2线为23.5 cm、39.5 m、57.5 cm分别作水平辅助线作为胸围线、腰围线及臀围线(图4—4—16)；并选用工具"点古图形(O)"加点5、点6、点7(图4—4—17)。

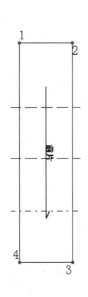

图 4—4—16

图 4—4—17

17. 选用工具"点古图形(O)"，在 1—2 线上点击，出现对话框"点特性"，在点种类放码上打勾，下一点输入数据 7，点击确定或按回车键，定前领宽（图 4—4—18）。

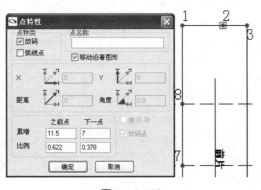

图 4—4—18

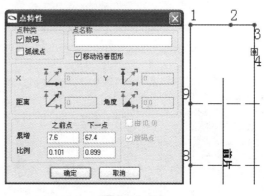

图 4—4—19

18. 选用工具"点古图形(O)"，在 3—4 线上点击，出现对话框"点特性"，在点种类放码上打勾，之前点输入数据 7.6，点击确定或按回车键，定前领深（图 4—4—19）。

19. 选用工具"点古图形(O)"，在 1—9 线上点击，出现对话框"点特性"，在点种类放码上打勾，之前点输入数据 3.2，点击确定或按回车键（图 4—4—20）。

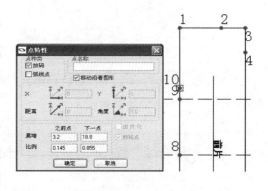

图 4—4—20

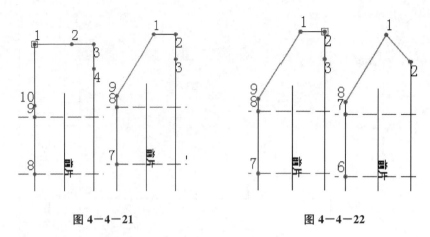

图 4－4－21　　　　　　　图 4－4－22

20. 选中点 1,点击 DELETE 键删除(图 4－4－21)。

21. 选中点 2,点击 DELETE 键删除(图 4－4－22)。

22. 移动点 (M) 用工具移动点同时按着 shift 键(shift＋M),将 1－2 线移动成弧线,即前领弧线;将 1－8 线移动成弧线,即前袖窿弧线(图 4－4－23)。

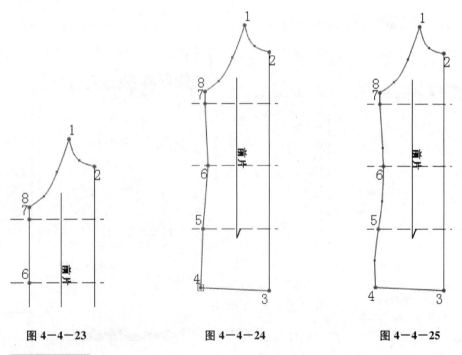

图 4－4－23　　　　　　图 4－4－24　　　　　　图 4－4－25

23. 移动点 (M) 选用工具"移动点(M)"分别点击点 6、点 5、点 4,在弹出的移动点对话框中,水平方向分别输入数据 1、－0.5、－1.2,垂直方向分别输入数据 0、0、1,点击确定(图 4－4－24)。

24. 移动点 (M) 选用工具"移动点"同时按着 shift 键(shift＋M),分别将 4－5 线、5－6 线、3－4 线移动成弧线(图 4－4－25)。

25. 选用"生褶"工具点击点 8 后顺着 7—8 线向下移动点击,在弹出的对话框中,下一点输入数据 3.2,点击确定后向纸样内部移动并点击,在特性里修改省道的深度为 12 cm(图 4—4—26)。

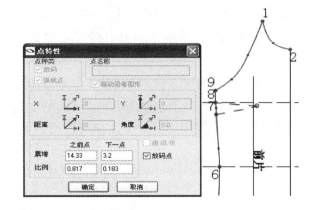

图 4—4—26

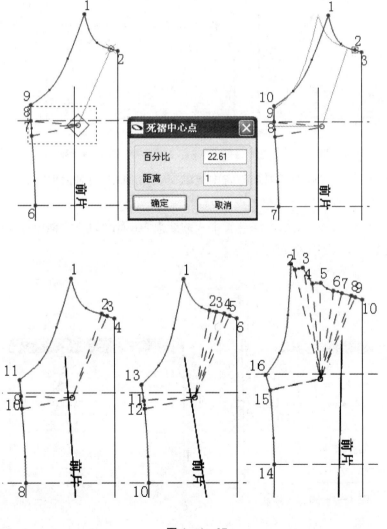

图 4—4—27

26. 选用"死褶"工具先点击省尖点,再点击1-2线上一点,拖动纸样旋转,在弹出的对话框中输入旋转的百分比或距离。用同样的方法将原省道合并,转移到前领弧线处,以备领圈抽褶(图4-4-27)。

27. 过原省道的省尖点作垂直辅助线作为腰省的省中线。

28. 选用"草图"工具点击腰围线与省中线的交点,在弹出的对话框中,选择由抓取点,水平方向输入数据1.4,点击确定(图4-4-28)。

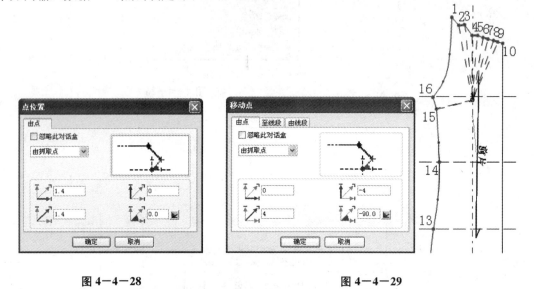

图 4-4-28　　　　　　　　　　图 4-4-29

29. 选用"草图"工具点击胸围线与省中线的交点,在弹出的对话框中,选择由抓取点,垂直方向输入数据-4,点击确定(图4-4-29)。

30. 选用"草图"工具点击腰围线与省中线的交点,在弹出的对话框中,选择由抓取点,水平方向输入数据-1.4,点击确定(图4-4-30)。

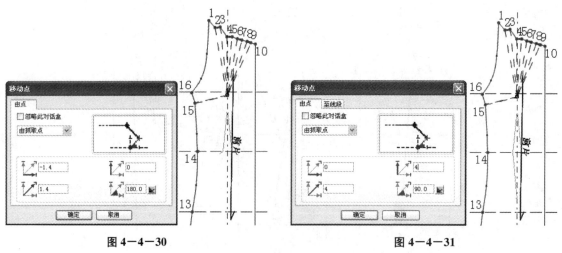

图 4-4-30　　　　　　　　　　图 4-4-31

31. 选用"草图"工具点击臀围线与省中线的交点,在弹出的对话框中,选择由抓取点,垂直方向输入数据4,点击确定(图4-4-31)。

32. 前片完成图（图4—4—32）。

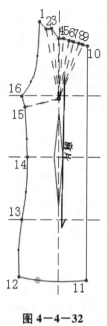

图4—4—32

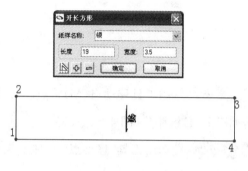

图4—4—33

领子打版步骤如下：

33. ▢开新文件或在工作区内右击鼠标，选择建立矩形纸样，弹出"开长方形"对话框，在纸样名称里输入领，长度19，宽度3.5，点击确定或按回车键（图4—4—33）。

34. ⊕ **点古图形 (O)** 选用工具"点古图形(O)"，在1—4线上点击，出现对话框"点特性"，在点种类放码上打勾，下一点输入数据后领弧长，点击确定或按回车键（图4—4—34）。

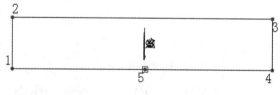

图4—4—34

35. ⇢ **移动点 (M** 选用工具"移动点(M)"点击点4向上移动，弹出"移动点"对话框，水平方向输入数据0，垂直方向输入数据1.5，点击确定或按回车键（图4—4—35）。

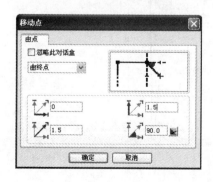

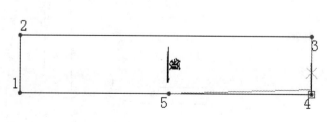

图4—4—35

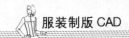
36. 🖉 移动点 (M) 选用工具"移动点"同时按着 shift 键(shift＋M),将 4—5 线移动成弧线,点击确定或按回车键(图 4—4—36)。

37. ⊗ 圆形 (Ctrl+Alt+C) 用工具圆形以点 4 为圆心作圆。在特性里修改圆的半径为 3.5 cm(图 4—4—37)。

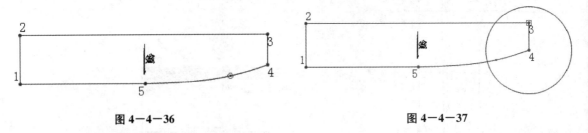

图 4—4—36   图 4—4—37

38. 🖉 移动点 (M) 用工具移动点(M)将点 3 移动至圆周,使 3—4 线与 4—5 线垂直;选中圆形,点击 DELETE 键删除(图 4—4—38)。

39. 🖉 移动点 (M) 选用工具"移动点"同时按着 shift 键(shift＋M),将 2—3 线移动成弧线,点击确定或按回车键(图 4—4—39)。

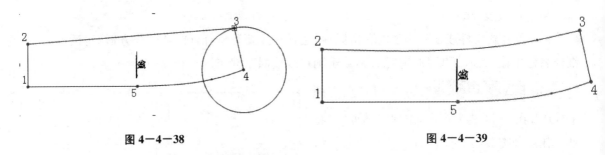

图 4—4—38   图 4—4—39

40. 领圈抽褶无袖连衣裙打版完成图(图 4—4—40)。

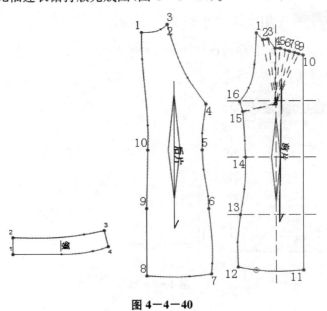

图 4—4—40

第五节　分割线茄克打版

规格尺寸(单位 cm)：

部位	衣长	胸围	肩宽	袖长	袖口	腰围	袖肥	领围
规格	58	94	39	56.5	13	80	17.5	41.5

款式特点：

此款茄克领型为立领,设有前后育克。前后衣身分别设有竖向分割线,袖子为大小袖设计。

后片打版步骤如下：

1. ▢开新文件或在工作区内右击鼠标,选择建立矩形纸样,出现"开长方形"对话框,在纸样名称里输入衣身后片,长度 58,宽度 24,点击确定或按回车键(图 4—5—1)。

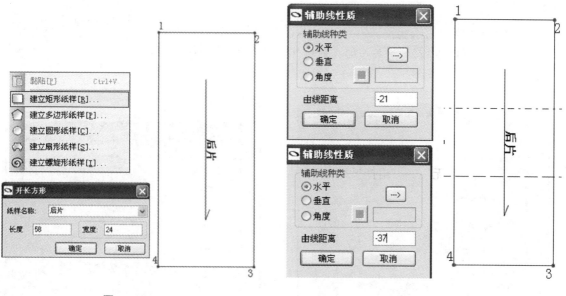

图 4—5—1　　　　　　　　　　　　　图 4—5—2

2. 距离 1—2 线 21 cm、37 cm 分别作水平辅助线,确定胸围线和腰围线位置(图 4—5—2)。

3. ⊹ **点古图形** (O) 选用工具"点古图形(O)"加放码点 3、放码点 4、放码点 7(图 4—5—3)。

4. ⊹ **点古图形** (O) 选用工具"点古图形(O)",在 1—2 线上点击,出现对话框"点特性",在点种类放码上打勾,之前点输入数据肩宽/2 定肩宽,点击确定或按回车键(图 4—5—4)。

图4—5—3

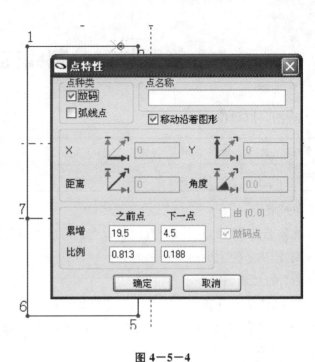

图4—5—4

5. 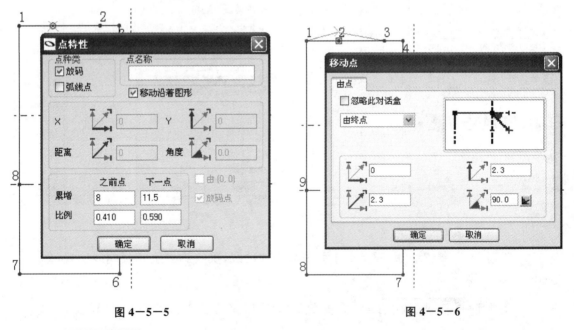 选用工具"点古图形(O)",在1—2线上点击,出现对话框"点特性",在点种类放码上打勾,之前点输入数据8定后领宽,点击确定或按回车键(图4—5—5)。

图4—5—5

图4—5—6

6. 选用工具"移动点(M)"点击点2向外移动,出现"移动点"对话框,水平方向输入数据0,垂直方向数据2.3,点击确定或按回车键,定领肩点(图4—5—6)。

7. 选中点 4,点击 delete 键删除(图 4—5—7)。

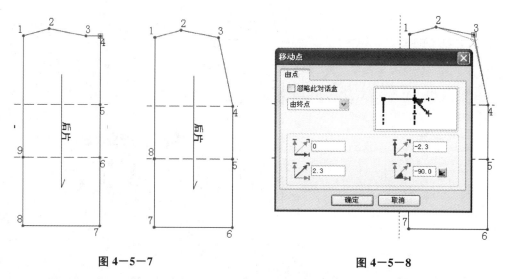

图 4—5—7　　　　　　　　　　　　　　　图 4—5—8

8. 选用工具"移动点(M)"点击点 3 向下移动,出现"移动点"对话框,水平方向输入数据 0,垂直方向数据－2.3,点击确定或按回车键,定肩端点(图 4—5—8)。

9. 选用工具"移动点"同时按着 shift 键(shift＋M),将 1—2 线移动成弧线,点击确定或按回车键,即后领弧线(图 4—5—9)。

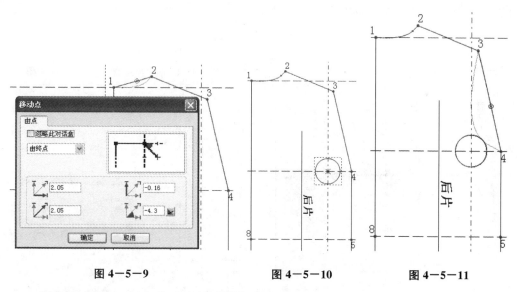

图 4—5—9　　　　　　　图 4—5—10　　　　　　图 4—5—11

10. 距离点 3 为 1.5 cm 作垂直辅助线为背宽线。

11. 选用工具"圆形"以胸围辅助线和背宽辅助线的交点为圆心作圆。在特性里修改圆的半径为 3(图 4—5—10)。

12. 选用工具"移动点"同时按着 shift 键(shift＋M),以背宽线和圆形作为参考,将 3—4 线移动成弧线,点击确定或按回车键,即后袖窿弧线(图 4—5—11)。

13. 选中圆形,点击 delete 键删除(图 4—5—12)。

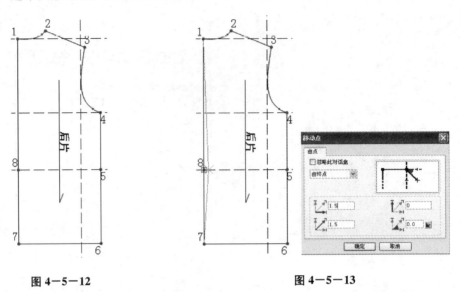

图 4—5—12　　　　　　　　　　　图 4—5—13

14. 　**移动点 (M)** 选用工具"移动点(M)"点击点 8 向右移动,出现"移动点"对话框,水平方向输入数据 1.5,垂直方向数据 0,点击确定或按回车键(图 4—5—13)。

15. 　**移动点 (M)** 选用工具"移动点(M)"点击点 7 向右移动,出现"移动点"对话框,水平方向输入数据 1.5,垂直方向数据 1,点击确定或按回车键(图 4—5—14)。

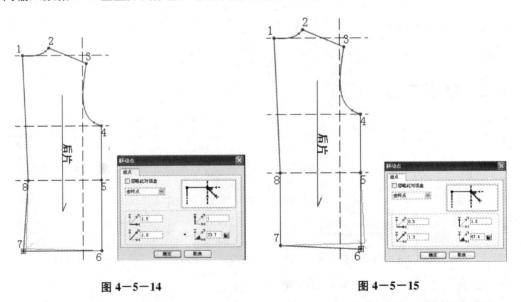

图 4—5—14　　　　　　　　　　　图 4—5—15

16. 　**移动点 (M)** 选用工具"移动点(M)"点击点 6 向外移动,出现"移动点"对话框,水平方向输入数据 0.5,垂直方向数据 1.2,点击确定或按回车键(图 4—5—15)。

17. 　**移动点 (M)** 选用工具"移动点(M)"点击点 5 向左移动,出现"移动点"对话框,水平方向输入数据 —1.2,垂直方向数据 0,点击确定或按回车键(图 4—5—16)。

18. **移动点 M** 选用工具"移动点"同时按着 shift 键(shift+M),将 1—8 线、6—7 线、5—6 线、4—5 线移动圆顺(图 4—5—17)。

19. 距离点 8 为 11 cm 作垂直辅助线作为省中线,距离点 1 为 10 cm 作水平辅助线(图4—5—18)。

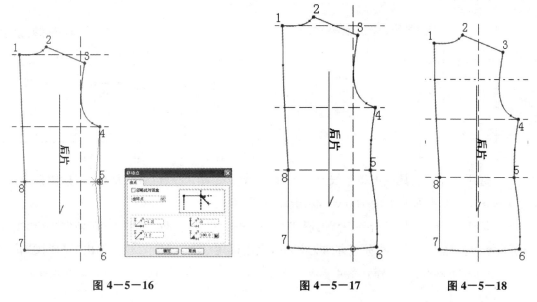

图 4—5—16　　　　　　　图 4—5—17　　　　　　　图 4—5—18

20. 选用"草图"工具点击省中线与腰围辅助线的交点处,出现点位置对话框,选择由抓取点,水平方向输入 1.5 cm,垂直方向为 0 cm,点击确定(图 4—5—19)。

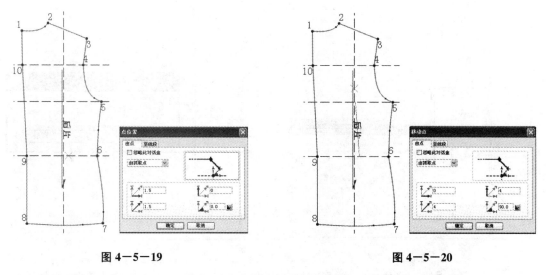

图 4—5—19　　　　　　　　　　　图 4—5—20

21. 选用"草图"工具点击省中线与胸围辅助线的交点处,出现点位置对话框,选择由抓取点,水平方向输入 0 cm,垂直方向为 4 cm,点击确定(图 4—5—20)。

22. 选用"草图"工具点击省中线与腰围辅助线的交点处,出现点位置对话框,选择由抓取点,水平方向输入 —1.5 cm,垂直方向为 0 cm,点击确定(图 4—5—21)。

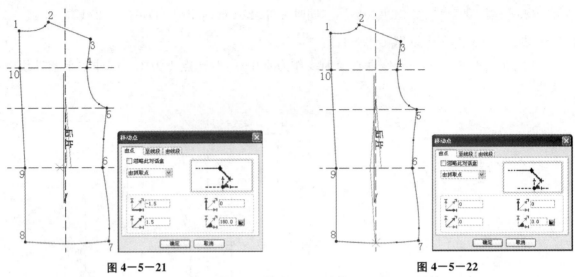

图 4—5—21　　　　　　　　　　　　　　　　　图 4—5—22

23. 选用"草图"工具点击省中线与 7—8 线的交点处,出现点位置对话框,选择由抓取点,水平方向输入 0 cm,垂直方向为 0 cm,点击确定(图 4—5—22)。

24. 选用"草图"工具点击省中线与腰围辅助线的交点处,出现"点位置"对话框,选择由抓取点,水平方向输入 1.5 cm,垂直方向为 0 cm,点击确定(图 4—5—23)。弹出"完成读图"对话框,点击是,完成省道的绘制(图 4—5—24)。

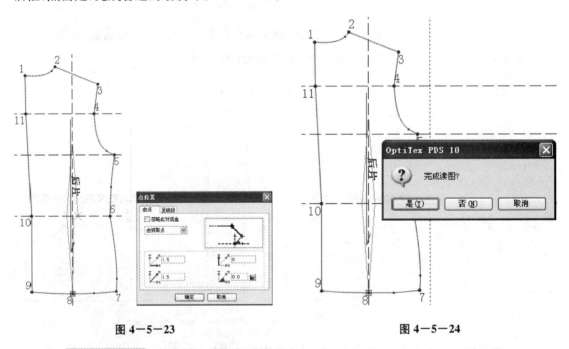

图 4—5—23　　　　　　　　　　　　　　　　　图 4—5—24

25. ![移动点 (M)] 选用工具"移动点"同时按着 shift 键(shift+M),将省道线移动圆顺(图 4—5—25)。

26. 分割线茄克后片打版完成图(图 4—5—26)。

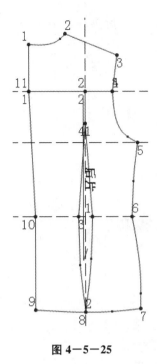

图 4—5—25

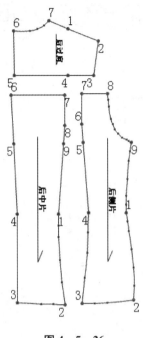

图 4—5—26

前片打版步骤如下：

27. 开新文件或在工作区内右击鼠标,选择建立矩形纸样,出现"开长方形"对话框,在纸样名称里输入衣身后片,长度58,宽度24,点击确定或按回车键(图4—5—27)。

28. 距离1—2线21 cm、40 cm分别作水平辅助线,确定胸围线和腰围线位置(图4—5—28)。

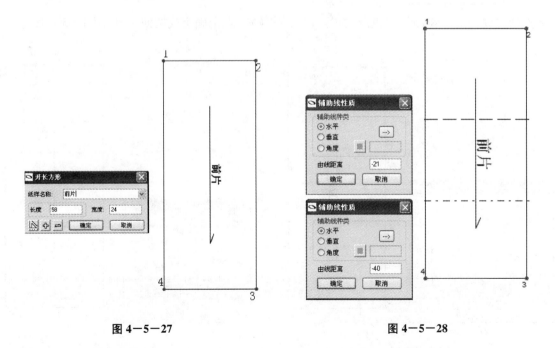

图 4—5—27

图 4—5—28

29. **点古图形 (O)** 选用工具"点古图形(O)"加放码点 3、放码点 6、放码点 7(图 4—5—29)。

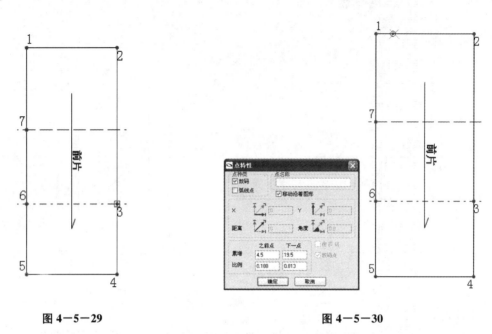

图 4—5—29   图 4—5—30

30. **点古图形 (O)** 选用工具"点古图形(O)",在 1—2 线上点击,出现对话框"点特性",在点种类放码上打勾,下一点输入数据肩宽/2 定肩宽,点击确定或按回车键(图 4—5—30)。

31. **点古图形 (O)** 选用工具"点古图形(O)",在 1—2 线上点击,出现对话框"点特性",在点种类放码上打勾,下一点输入数据 7.6 定前领宽,点击确定或按回车键(图 4—5—31)。

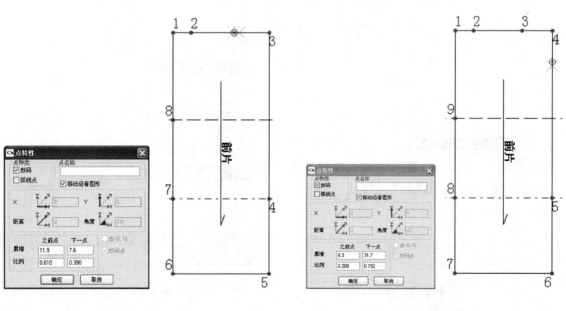

图 4—5—31   图 4—5—32

32. ⊕ **点古图形 (O)** 选用工具"点古图形(O)",在4—5线上点击,出现对话框"点特性",在点种类放码上打勾,之前点输入数据8.3定前领深,点击确定或按回车键(图4—5—32)。

33. 选中点4,点击DELITE键删除(图4—5—33)。

34. 选中点1,点击DELITE键删除(图4—5—34)。

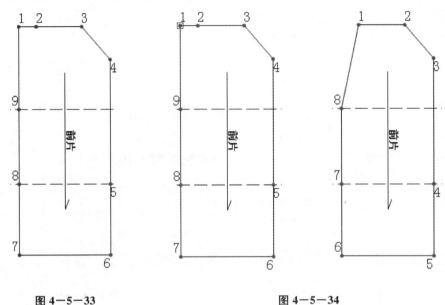

图4—5—33　　　　　　　　　　　　图4—5—34

35. ⊕ **移动点 (M)** 选用工具"移动点(M)"点击点1向下移动,出现"移动点"对话框,水平方向输入数据0,垂直方向数据—4.7,点击确定或按回车键,定肩端点(图4—5—35)。

36. ⊕ **移动点 (M)** 选用工具"移动点"同时按着shift键(shift+M),将2—3线移动成弧线,点击确定或按回车键,即前领弧线(图4—5—36)。

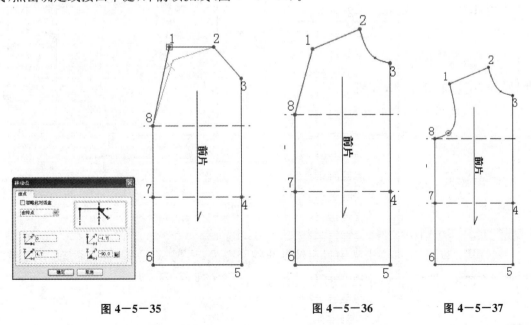

图4—5—35　　　　　　　　图4—5—36　　　　　　图4—5—37

37. **移动点** **(M** 选用工具"移动点"同时按着 shift 键(shift+M),将 1—8 线移动成弧线,点击确定或按回车键,即前袖窿弧线(图 4—5—37)。

38. **移动点** **(M** 选用工具"移动点(M)"点击点 7 向右移动,出现"移动点"对话框,水平方向输入数据 1,垂直方向数据 0,点击确定或按回车键(图 4—5—38)。

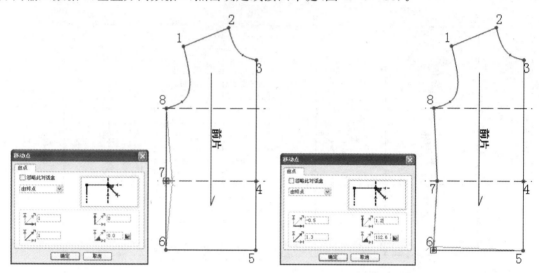

图 4—5—38　　　　　　　　　　图 4—5—39

39. **移动点** **(M** 选用工具"移动点(M)"点击点 6 向左上移动,出现"移动点"对话框,水平方向输入数据—0.5,垂直方向数据 1.2,点击确定或按回车键(图 4—5—39)。

40. **移动点** **(M** 选用工具"移动点"同时按着 shift 键(shift+M),将 5—6 线、6—7 线、7—8 线移动圆顺(图 4—5—40)。

41. 距离点 4 为 11 cm 作垂直辅助线作为省中线,距离点 2 为 14 cm 作水平辅助线(图 4—5—41)。

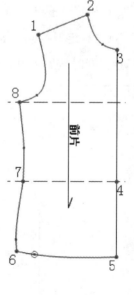
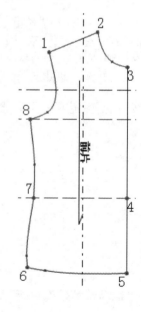

图 4—5—40　　　　　　　　　　图 4—5—41

42. 选用"草图"工具点击省中过肩辅助线的交点处,出现"点位置"对话框,选择由抓取点,水平方向输入 0.75 cm,垂直方向为 0 cm,点击确定(图 4—5—42)。

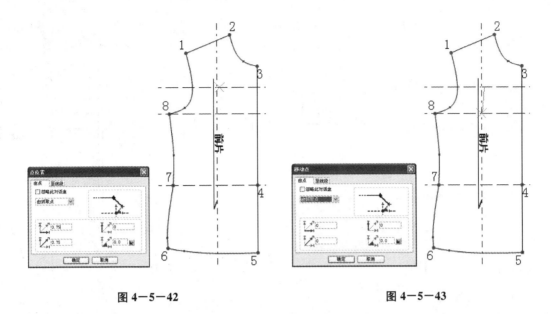

图 4—5—42　　　　　　　　　　　　图 4—5—43

43. 选用"草图"工具点击省中线与胸围辅助线的交点处,出现"点位置"对话框,选择由抓取点,水平方向输入 0 cm,垂直方向为 0 cm,点击确定(图 4—5—43)。

44. 选用"草图"工具点击省中线与腰围辅助线的交点处,出现"点位置"对话框,选择由抓取点,水平方向输入 1.25 cm,垂直方向为 0 cm,点击确定(图 4—5—44)。

45. 选用"草图"工具点击省中线与 5—6 线的交点处,出现"点位置"对话框,选择由抓取点,水平方向输入 0 cm,垂直方向为 0 cm,点击确定(图 4—5—45)。

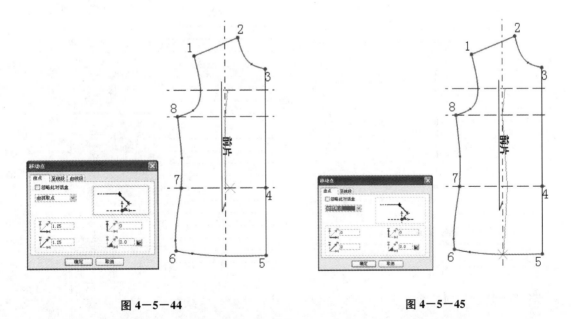

图 4—5—44　　　　　　　　　　　　图 4—5—45

46. 选用"草图"工具点击省中线与腰围辅助线的交点处,出现"点位置"对话框,选择由抓取点,水平方向输入—1.25 cm,垂直方向为 0 cm,点击确定(图 4—5—46)。

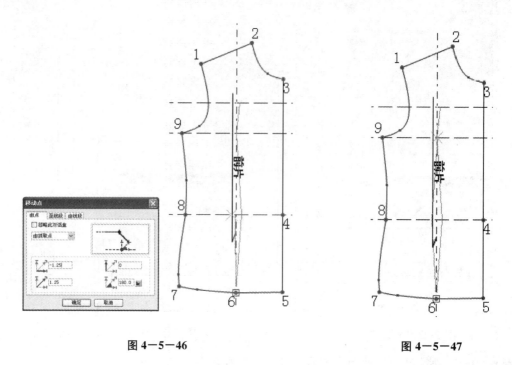

图 4—5—46　　　　　　　　　　　　　　　图 4—5—47

47. 选用"草图"工具点击省中线与胸围辅助线的交点处,出现"点位置"对话框,选择由抓取点,水平方向输入 0 cm,垂直方向为 0 cm,点击确定(图 4—5—47)。

48. 选用"草图"工具点击省中过肩辅助线的交点处,出现"点位置"对话框,选择由抓取点,水平方向输入－0.75 cm,垂直方向为 0 cm,点击确定(图 4—5—48)。

49. **移动点 (M** 选用工具"移动点"同时按着 shift 键(shift＋M),将省道线移动圆顺。

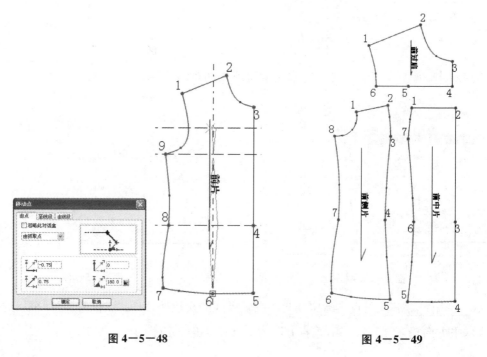

图 4—5—48　　　　　　　　　　　　　　　图 4—5—49

50. 分割线茄克前片打版完成图(图4—5—49)。

领子打版步骤如下：

51. ▢ 开新文件或在工作区内右击鼠标,选择建立矩形纸样,出现"开长方形"对话框,在纸样名称里输入领,长度20.75,宽度4,点击确定或按回车键(图4—5—50)。

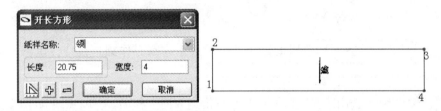

图4—5—50

52. ✛ **点古图形 (O)** 选用工具"点古图形(O)",在1—4线上点击,出现对话框"点特性",在点种类放码上打勾,下一点输入数据10.5定后领弧长,点击确定或按回车键(图4—5—51)。

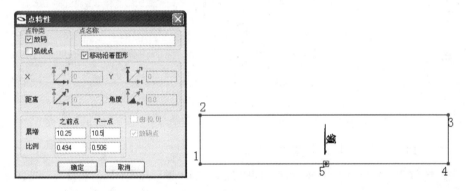

图4—5—51

53. ✦ **移动点 (M)** 选用工具"移动点(M)"点击点4向上移动,出现"移动点"对话框,水平方向输入数据0,垂直方向数据1.5,点击确定或按回车键(图4—5—52)。

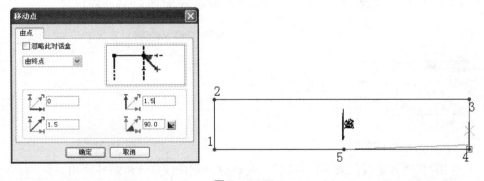

图4—5—52

54. ✦ **移动点 (M)** 选用工具"移动点"同时按着shift键(shift＋M),将4—5线移动成弧线(图4—5—53)。

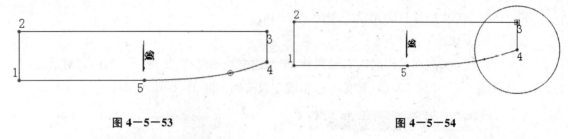

图 4—5—53　　　　　　　　　　　图 4—5—54

55. ⊗ 圆形 (Ctrl+Alt+C) 选用工具"圆形"以点 4 为圆心作圆。在特性里修改圆的半径为 4(图 4—5—54)。

56. ➡ 移动点 (M) 选用工具"移动点(M)"点击点 3 向上移动,使 3—4 线与 4—5 线垂直并交于圆周(图—5—55)。

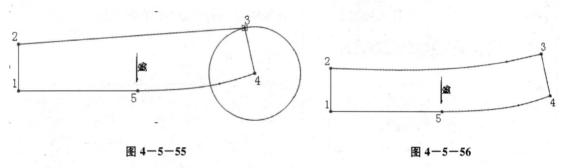

图 4—5—55　　　　　　　　　　　图 4—5—56

57. 选中圆形,点击 DELETE 键删除。

58. ➡ 移动点 (M) 选用工具"移动点"同时按着 shift 键(shift+M),将 2—3 线移动成弧线(图 4—5—56)。

袖子打版步骤如下:

59. ▢ 开新文件或在工作区内右击鼠标,选择建立矩形纸样,出现"开长方形"对话框,在纸样名称里输入袖头,长度 26,宽度 4,点击确定或按回车键(图 4—5—57)。

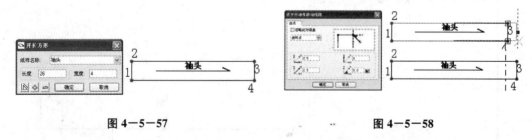

图 4—5—57　　　　　　　　　　　图 4—5—58

60. 选用"移动固定线段或平行移动"工具顺时针点击线 3—4,向外移出,弹出对话框,水平方向输入 2.5,垂直方向输入 0,点击确定(图 4—5—58)。

61. ▢ 开新文件或在工作区内右击鼠标,选择建立矩形纸样,出现"开长方形"对话框,在纸样名称里输入袖子,长度 52.5,宽度 17.5,点击确定或按回车键(图 4—5—59)。

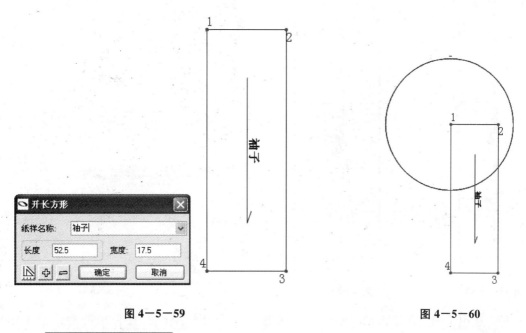

图 4—5—59　　　　　　　　　　　图 4—5—60

62. 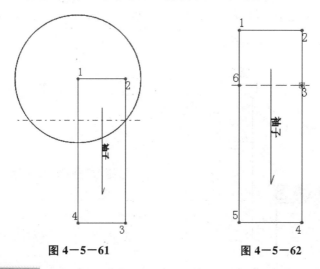 选用工具"圆形"以点 1 为圆心作圆。在特性里修改圆的半径为 AH/2—0.6(图 4—5—60)。

63. 过圆与 2—3 线的交点作一水平辅助线作为袖开深线(图 4—5—61)。

图 4—5—61　　　　　　　图 4—5—62

64. 选用工具"点古图形(O)"加点 3、点 6(图 4—5—62)。

65. 分别过 1—2 线的中点偏右 0.5 cm 作一垂直辅助线,距离 1—2 线 31.5 cm 作水平垂直线(图 4—5—63)。

66. 选用工具"点古图形(O)"加点 2(图 4—5—64)。

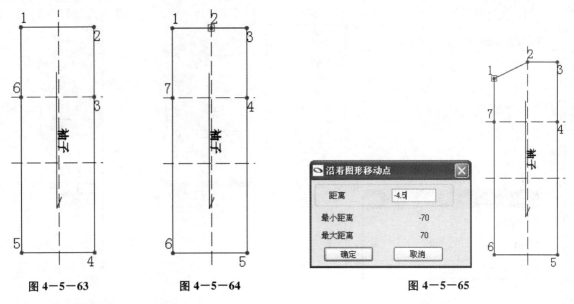

图 4—5—63   图 4—5—64   图 4—5—65

67. 选用工具"沿着移动"点击点 1,顺着 1—7 先向下移动,在弹出的对话框中输入 —4.5 cm,点击确定(图 4—5—65)。

68. 选用工具"沿着移动"点击点 3,顺着 3—4 先向下移动,在弹出的对话框中输入 7.5 cm,点击确定(图 4—5—66)。

69. ➡ **移动点** ⬤M 选用工具"移动点(M)",点击点 4 向右移动,出现"移动点"对话框,水平方向输入数据 8.5,点击确定或按回车键(图 4—5—67)。

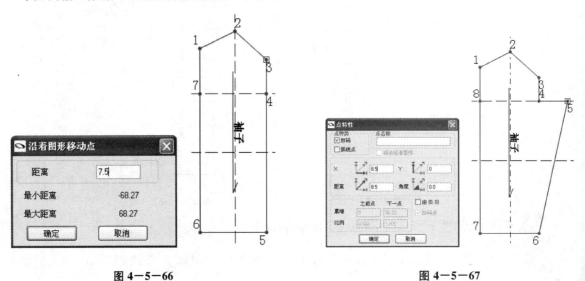

图 4—5—66   图 4—5—67

70. 选中点 4,点击 DELETE 键删除(图 4—5—68)。

71. 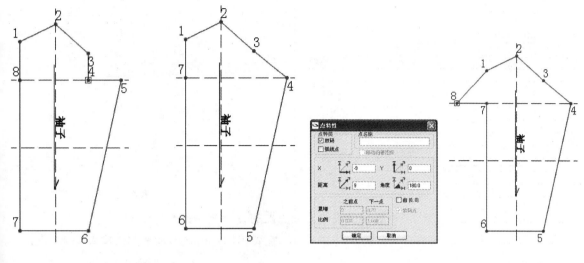 选用工具"移动点(M)",点击点 7 向左移动,出现"移动点"对话框,水平方向输入数据－9,点击确定或按回车键(图 4－5－69)。

图 4－5－68 图 4－5－69

72. 选中点 7,点击 DELETE 键删除(图 4－5－70)。

73. 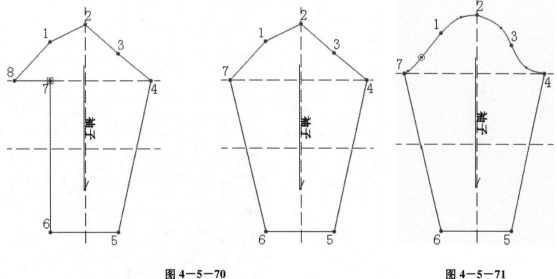 选用工具"移动点"同时按着 shift 键(shift＋M),将 1－2 线移动成弧线(凸出数据 1.8 cm),将 1－7 线移动成弧线(凹进数据 1.8 cm),将 2－3 线移动成弧线(凸出数据 1.5 cm),将 3－4 线移动成弧线(凹进数据 1.3 cm)(图 4－5－71)。

图 4－5－70 图 4－5－71

74. 选用工具"点古图形(O)",在 5－7 线上点击,出现对话框"点特性",在点种类放码上打勾,之前点输入数据 13 定袖口,点击确定或按回车键(图 4－5－72)。

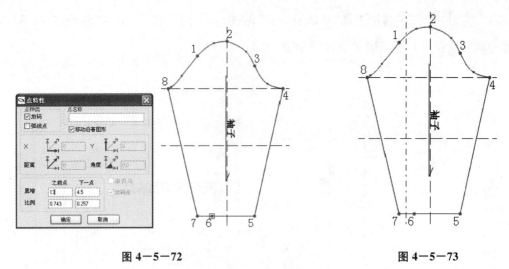

图 4—5—72　　　　　　　　　　　　　　　图 4—5—73

75. 过 6—7 线中点作一垂直辅助线作为大小袖的分界线(图 4—5—73)。

76. 选用工具"沿着移动"点击点 5 向右移动,在弹出的对话框中水平方向输入 6 cm,点击确定(图 4—5—74)。

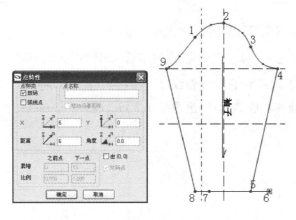

图 4—5—74

77. 选中点 5,点击 DELETE 键删除(图 4—5—75)。

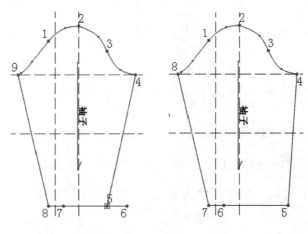

图 4—5—75

78. 选用工具"沿着移动"点击点7向左移动,在弹出的对话框中水平方向输入－7 cm,点击确定(图4－5－76)。

79. 选用"草图"工具圆顺连接2－7线和2－8线(图4－5－77)。

80. 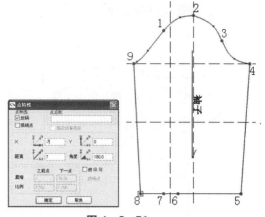 选用工具"移动点"同时按着shift键(shift＋M)圆顺6－7线和8－9线(图4－5－78)。

图 4－5－76

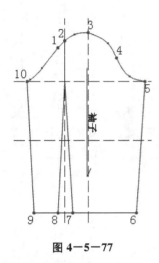

图 4－5－77

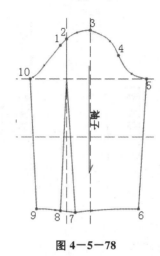

图 4－5－78

81. 选用工具"移动点"同时按着 shift 键(shift＋M),将9－10线移动成弧线,在弹出的对话框中,水平方向输入 0.6 cm,点击确定或按回车键;将5－6线移动成弧线,在弹出的对话框中,水平方向输入－0.8 cm,点击确定或按回车键(图4－5－79)。

图 4－5－79

分割线茄克打版完成图(图 4-5-80)。

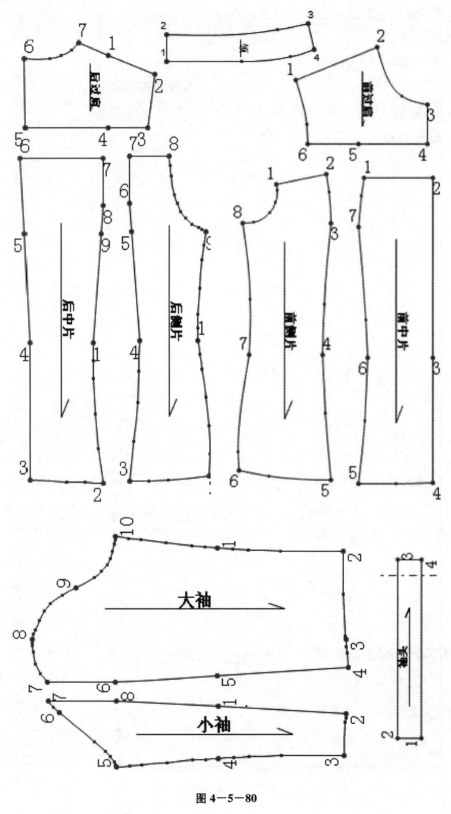

图 4-5-80

第六节　抽褶圆摆小西装打版

规格尺寸：

部位	衣长	胸围	腰围	袖长	领围
规格	55	92	70	60	40

款式特点：

此款小西装为翻领，前开襟5粒扣设计，圆下摆，袖子为长袖，袖口处呈灯笼状。前片侧面为一曲线分割，并有抽褶设计，后片腰围线处有一横向分割，后下片腰部有抽褶设计。款式时尚，深受青年女性的喜爱。

后片打版步骤如下：

1. ☐ 开新文件或在工作区内右击鼠标，选择建立矩形纸样，出现"开长方形"对话框，在纸样名称里输入后片，长度55，宽度23.5，点击确定或按回车键（图4－6－1）。

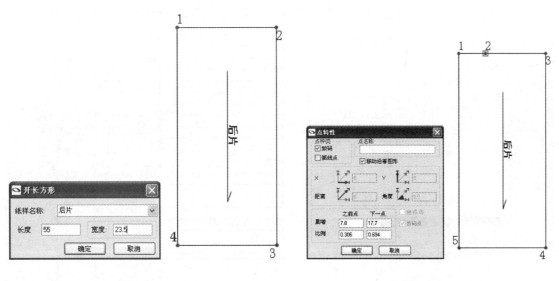

图4－6－1　　　　　　　　　　　　　　　图4－6－2

2. ✛ **点古图形 (O)** 选用工具"点古图形(O)"，在1—2线上点击，出现对话框"点特性"，在点种类放码上打勾，之前点输入数据7.8，点击确定或按回车键，定后领宽（图4－6－2）。

3. ✛ **移动点 (M)** 选用工具"移动点(M)"点击点2向外移动，出现"移动点"对话框，垂直方向输入数据2.4，点击确定或按回车键，定后领深（图4－6－3）。

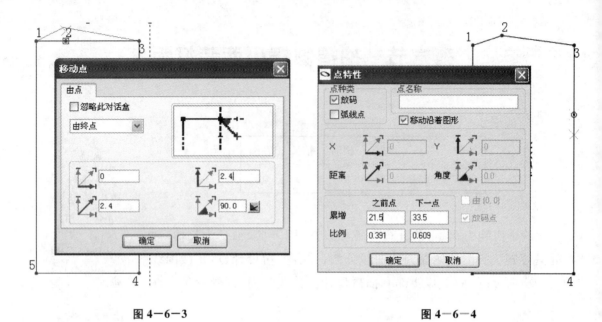

图 4—6—3   图 4—6—4

4. <kbd>点古图形 (O)</kbd>选用工具"点古图形(O)",在 3—4 线上点击,出现对话框"点特性",在点种类放码上打勾,之前点输入数据 21.5 定袖窿深,点击确定或按回车键(图 4—6—4)。

5. <kbd>移动点 (M)</kbd>选用工具"移动点(M)"点击点 3 向外移动,出现"移动点"对话框,水平方向输入数据—3,垂直方向输入数据—2.4,按回车键,定肩端点(图 4—6—5)。

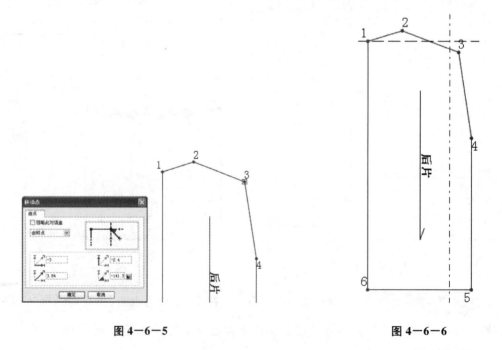

图 4—6—5   图 4—6—6

6. 过 1 点分别作一条垂直辅助线和一条水平辅助线,双击垂直辅助线,输入距离 18.5,按回车键,作背宽线(图 4—6—6)。

7. **移动点** 选用工具"移动点"同时按着 shift 键(shift＋M),将 1－2 线移动成弧线,点击确定或按回车键,即后领弧线(图 4－6－7)。

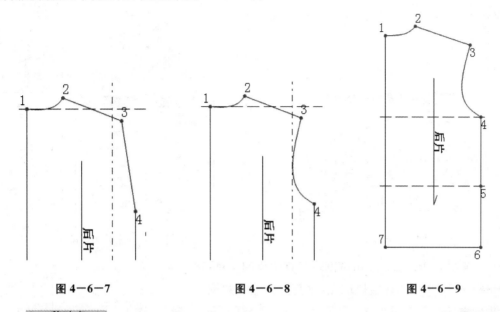

图 4－6－7　　　　　　图 4－6－8　　　　　　图 4－6－9

8. **移动点** 选用工具"移动点"同时按着 shift 键(shift＋M),将 3－4 线移动成弧线,点击确定或按回车键,即后袖窿弧线(图 4－6－8)。

9. 过点 4 作水平辅助线作为胸围线,距离点 1 为 37 cm 作水平辅助线作为腰围线。选用工具"点古图形(O)"加点 4、点 5(图 4－6－9)。

10. **移动点** 选用工具"移动点(M)"点击点 5 向右移动,出现"移动点"对话框,水平方向输入数据－1.5,垂直方向数据 0,点击确定或按回车键(图 4－6－10)。

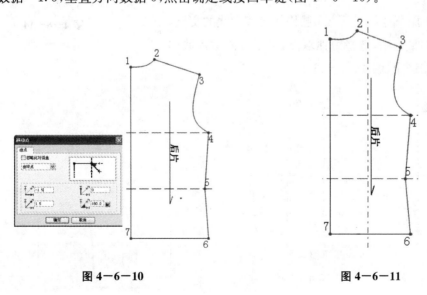

图 4－6－10　　　　　　图 4－6－11

11. 过腰围线的中点作垂直辅助线作为省中线(图 4－6－11)。

12. 选用"草图"工具点击腰围线与省中线的交点,在弹出的对话框中,选择由抓取点,水平方向输入数据-1.5,点击确定(图4-6-12)。

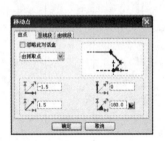

图4-6-12

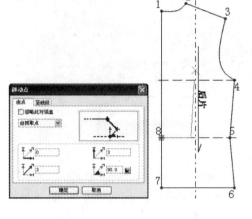

图4-6-13

13. 选用"草图"工具点击胸围线与省中线的交点,在弹出的对话框中,选择由抓取点,垂直方向输入数据3,点击确定(图4-6-13)。

14. 选用"草图"工具点击腰围线与省中线的交点,在弹出的对话框中,选择由抓取点,水平方向输入数据1.5,点击确定(图4-6-14)。

15. 选用"草图"工具点击底边线与省中线的交点,在弹出的对话框中,选择由抓取点,点击确定(图4-6-15)。

16. 选用"草图"工具点击腰围线与省中线的交点,在弹出的对话框中,选择由抓取点,水平方向输入数据-1.5,点击确定(图4-6-16)。

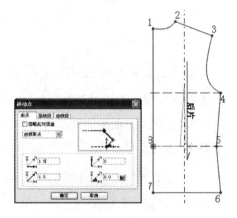

图4-6-14

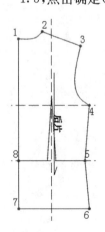

图4-6-15

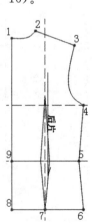

图4-6-16

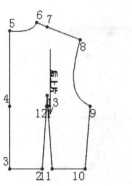

图4-6-17

17. 选用"建立纸样"工具将后上片、后下片分别裁出。后下片省道处选用合并图形工具进行合并(图4-6-17)。

18. 选用"生褶"工具先点击7-1线上的一点,再点击6-4线上的一点,在特性里修改成顺时针刀字褶,深度为0.3 cm,可变量打上勾,可变量深度为0 cm。用同样的方法作4个扇形生褶(图4-6-18)。

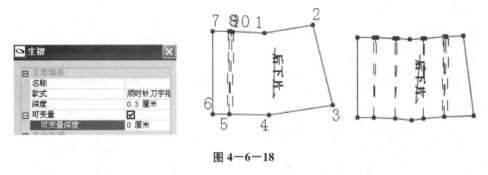

图4-6-18

前片打版步骤如下:

19. ☐开新文件或在工作区内右击鼠标,选择建立矩形纸样,出现"开长方形"对话框,在纸样名称里输入前片,长度55,宽度23.5,点击确定或按回车键(图4-6-19)。

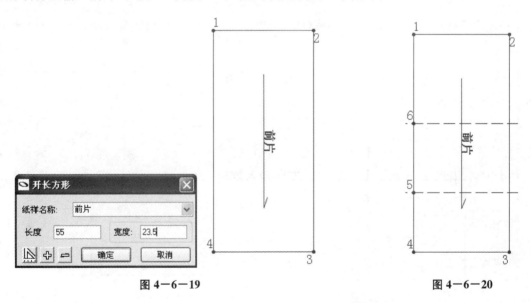

图4-6-19　　　　　　　　　　　　　　图4-6-20

20. 距离点1为24.5 cm、40 cm作水平辅助线作为胸围线、腰围线。选用工具"点古图形(O)"加点5、点6(图4-6-20)。

21. ⊹ **点古图形** ⁽ᴼ⁾选用工具"点古图形(O)",在1-2线上点击,出现对话框"点特性",在点种类放码上打勾,下一点输入数据7.5,点击确定或按回车键,定前领宽(图4-6-21)。

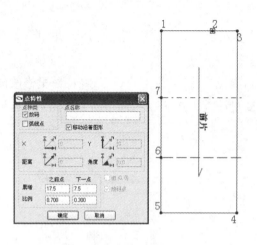

图 4—6—21 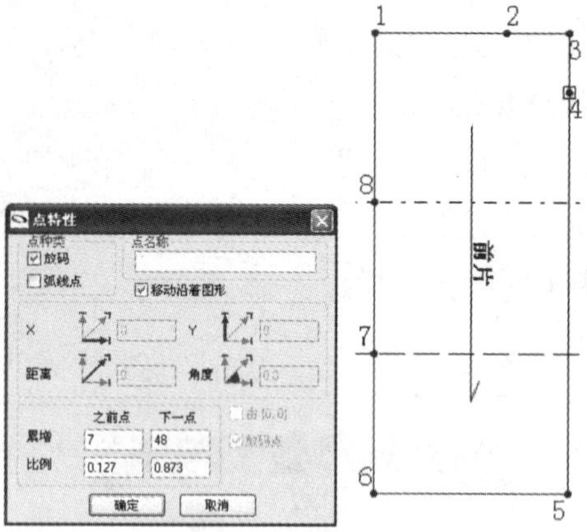　　　　　　　　　　图 4—6—22

22. <kbd>点古图形 (O)</kbd> 选用工具"点古图形(O)",在 3—4 线上点击,出现对话框"点特性",在点种类放码上打勾,之前点输入数据 7,点击确定或按回车键,定前领深(图 4—6—22)。

23. 选中点 3,点击 DELETE 删除(图 4—6—23)。

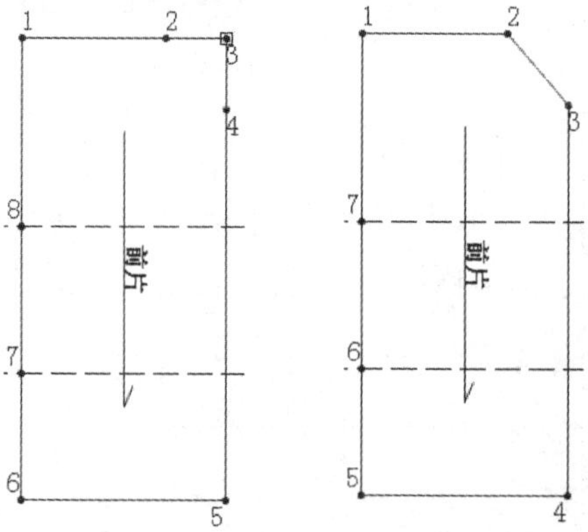

图 4—6—23

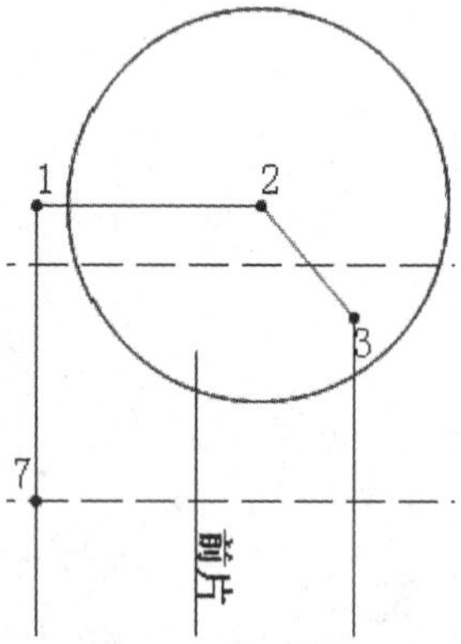

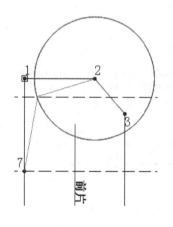

图 4—6—24　　　　　　　　　　图 4—6—25

24. 距离 1—2 线 4.7 cm 作水平辅助线,以点 2 为圆心作圆,半径为后肩长—0.5 cm(图 4—6—24)。

25. <kbd>移动点 (M)</kbd>选用工具"移动点(M)"点击点 1 移动至圆与水平辅助线的交点,定前肩端点(图 4—6—25)。

26. 选中圆形,点击 DELETE 键删除(图 4−6−26)。

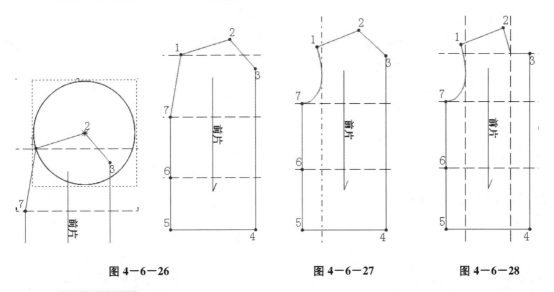

图 4−6−26　　　　　　　　　图 4−6−27　　　　　　　　　图 4−6−28

27. 移动点 (M) 选用工具"移动点"同时按着 shift 键(shift＋M),将 1−7 线移动成弧线,即前领弧线,即前袖窿弧线(图 4−5−27)。

28. 过点 3 作水平辅助线,距离点 3 为 5.5 cm 作垂直辅助线。用工具移动点点击 2−3 线移动至领围辅助线的交点处,定前领圈(图 4−6−28)。

29. 移动点 (M) 选用工具"移动点(M)"点击点 6 向右移动,出现"移动点"对话框,水平方向输入数据 1.5,垂直方向数据 0,点击确定或按回车键(图 4−6−29)。

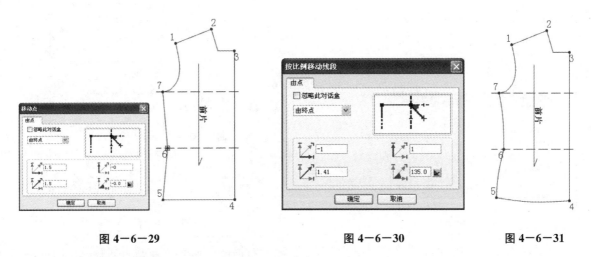

图 4−6−29　　　　　　　　　图 4−6−30　　　　　　　　　图 4−6−31

30. 移动点 (M) 选用工具"移动点(M)"点击点 5 向上移动,出现"移动点"对话框,水平方向输入数据−1,垂直方向数据 1,点击确定或按回车键(图 4−6−30)。

31. 移动点 (M) 选用工具"移动点"同时按着 shift 键(shift＋M),将 4−5 线、5−6 线、6−7 线移动成弧线(图 4−6−31)。

32. 选用"移动固定线段(平行移动)"点击线段 3—4,在弹出的对话框中,水平方向输入数据 2,垂直方向输入数据 2,点击确定,定出前门襟(图 4—6—32)。

33. 选用"圆角"工具点击点 4,在弹出的对话框中输入半径 10,点击确定,定出圆下摆(图 4—6—33)。

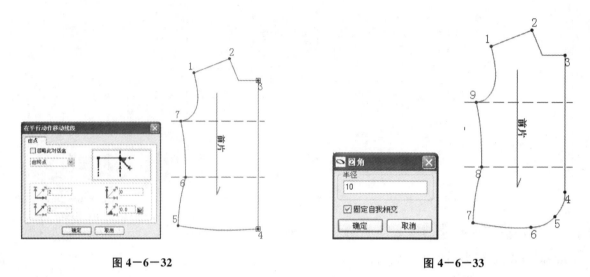

图 4—6—32   图 4—6—33

34. 选用工具"钮位"点击点 3,在弹出的对话框中水平方向输入—2,垂直方向输入—1,定第一扣的位置(图 4—6—34)。

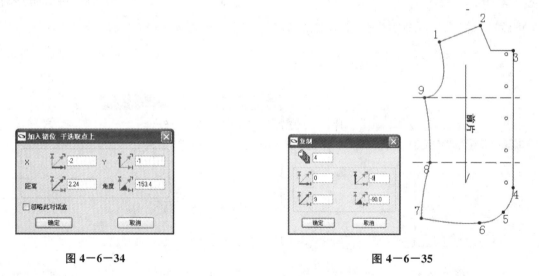

图 4—6—34   图 4—6—35

35. 选中第一粒扣,在特性里点击复制,在弹出的对话框中输入 4,垂直方向输入—9,间隔 9 cm 复制出其它 4 粒扣(图 4—6—35)。

36. 过腰围线的中点作垂直辅助线作为省中线;距离点 9 向上 4 cm 作水平辅助线(图 4—6—36)。

37. 选用草图工具作出前腰省,腰省的宽度为 2.5 cm(图 4—6—37)。

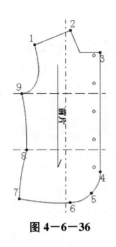

图 4—6—36

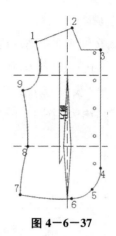

图 4—6—37

38. 选用"草图"工具做出前片分割线,将前片分成前中片和前侧片(图 4—6—38)。

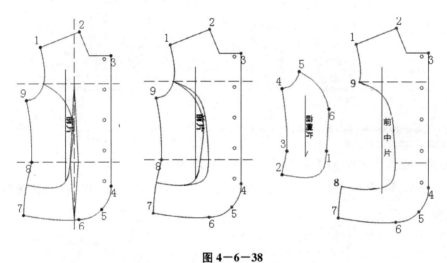

图 4—6—38

39. 选用"生褶"工具在前中片下摆位置作褶,在特性里修改成逆时针刀字褶,深度为 0.3 cm,可变量打上勾,可变量深度为 0 cm。用同样的方法作 4 个扇形生褶(图 4—6—39)。

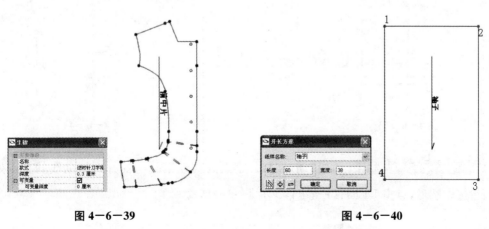

图 4—6—39

图 4—6—40

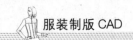

袖子打版步骤如下：

40. 开新文件或在工作区内右击鼠标，选择建立矩形纸样，出现"开长方形"对话框，在纸样名称里输入袖子，长度 60，宽度 48，点击确定或按回车键（图 4—6—40）。

41. 距离 1—2 线为 15 cm 作水平辅助线作为袖开深线，过 1—2 线的中点向右 0.5 cm 作垂直辅助线作为袖中线（图 4—5—41）。

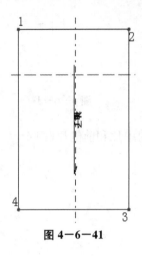

图 4—6—41

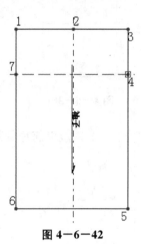

图 4—6—42

42. 点古图形 (O)选用工具"点古图形（O）"加点 2、点 4、点 7（图 4—5—42）。

43. 分别选中点 1 和点 3，点击 DELETE 键删除（图 4—6—43）。

44. 圆形 (Ctrl+Alt+C)选用工具"圆形"以点 1 为圆心作圆。在特性里修改圆的半径为后 AH（图 4—6—44）。

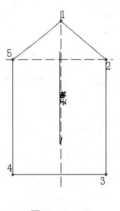

图 4—6—43

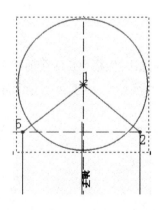

图 4—6—44

45. 移动点 (M)选用工具"移动点（M）"将点 5 移动至圆与袖开深辅助线的交点处，定后袖肥；选中圆形，点击 DELETE 键删除（图 4—6—45）。

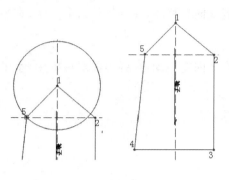

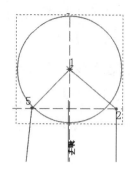

图 4—6—45　　　　　　　　　　图 4—6—46

46. ✦ 圆形 (Ctrl+Alt+C) 选用工具"圆形"以点 1 为圆心作圆。在特性里修改圆的半径为前 AH-0.5 cm(图 4—6—46)。

47. ➡ 移动点 (M) 选用工具"移动点(M)"将点 2 移动至圆与袖开深辅助线的交点处,定前袖肥;选中圆形,点击 DELETE 键删除(图 4—6—47)。

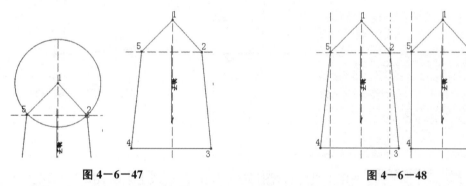

图 4—6—47　　　　　　　　　　图 4—6—48

48. 分别过点 5 和点 2 作垂直辅助线;选用工具"移动点(M)"将点 4 和点 3 移动至辅助线与袖口线的交点处(图 4—6—48)。

49. 距离点 1 为 33 cm 作水平辅助线为袖肘线。选用工具点古图形(O)加点 3 和点 6(图 4—6—49)。

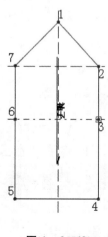

图 4—6—49　　　　　　　　　　图 4—6—50

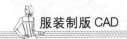服装制版 CAD

50. 移动点 **(M)** 选用工具"移动点"点击点 6 向右移动,在弹出的对话框中,水平方向输入数据 3(图 4—6—50)。

51. 移动点 **(M)** 选用工具"移动点"点击点 3 向左移动,在弹出的对话框中,水平方向输入数据—3(图 4—6—51)。

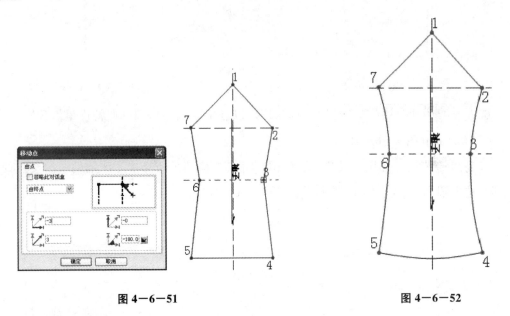

图 4—6—51   图 4—6—52

52. 移动点 **(M)** 选用工具"移动点"同时按着 shift 键(shift+M),将 6—7 线、5—6 线、2—3 线、3—4 线、4—5 线移动成弧线(图 4—6—52)。

53. 点古图形 **(O)** 选用工具"点古图形(O)",在 1—2 线上点击,出现对话框"点特性",在点种类放码上打勾,输入比例 0.5,点击确定或按回车键,定前袖窿弧线转折点(图 4—6—53)。

54. 点古图形 **(O)** 选用工具"点古图形(O)",在 1—8 线上点击,出现对话框"点特性",在点种类放码上打勾,输入比例 0.5,点击确定或按回车键,定后袖窿弧线转折点(图 4—6—54)。

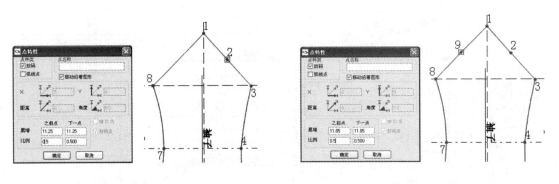

图 4—6—53   图 4—6—54

55. 选用工具"移动点"同时按着 shift 键(shift＋M),将 1－2 线移动成弧线(凸出 1.5 cm)(图 4－6－55)。

56. 选用工具"移动点"同时按着 shift 键(shift＋M),将 2－3 线移动成弧线(凹进 2.2 cm)(图 4－6－56)。

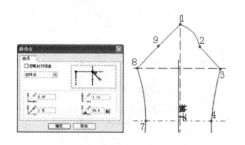
图 4－6－55

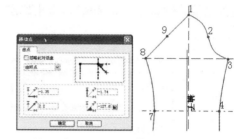
图 4－6－56

57. 选用工具"移动点"同时按着 shift 键(shift＋M),将 1－9 线移动成弧线(凸出 1.6 cm)(图 4－6－57)。

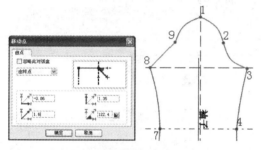
图 4－6－57

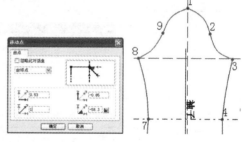
图 4－6－58

58. 选用工具"移动点"同时按着 shift 键(shift＋M),将 8－9 线移动成弧线(凹进 1 cm)(图 4－6－58)。

59. 袖子打版完成图(图 4－6－59)。

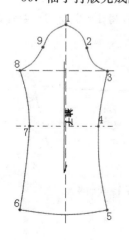
图 4－6－59

图 4－6－60

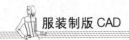

60. ▢开新文件或在工作区内右击鼠标,选择建立矩形纸样,弹出"开长方形"对话框,在纸样名称里输入袖头,长度 1,宽度 14,点击确定或按回车键(图 4-6-60)。

领子打版步骤如下:

61. ▢开新文件或在工作区内右击鼠标,选择建立矩形纸样,弹出"开长方形"对话框,在纸样名称里输入领,长度 7,宽度 17,点击确定或按回车键(图 4-6-61)。

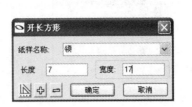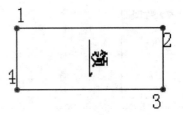

图 4-6-61

62. ◆ 移动点 (M)选用工具"移动点(M)"点击点 3 向下移动,弹出"移动点"对话框,水平方向输入数据 0,垂直方向输入数据-0.7,点击确定或按回车键(图 4-6-62)。

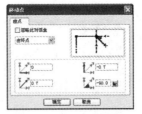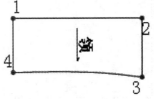

图 4-6-62

63. ◆ 移动点 (M)选用工具"移动点(M)"点击点 2 向上移动,弹出"移动点"对话框,水平方向输入数据 2,垂直方向输入数据 0.5,点击确定或按回车键(图 4-6-63)。

64. ◆ 移动点 (M)选用工具"移动点"同时按着 shift 键(shift+M),将 1-2 线、3-4 线移动成弧线,点击确定或按回车键(图 4-6-64)。

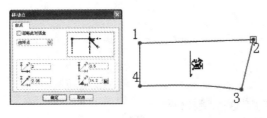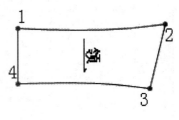

图 4-6-63   图 4-6-64

抽褶圆摆小西装打版完成图(图 4-6-65):

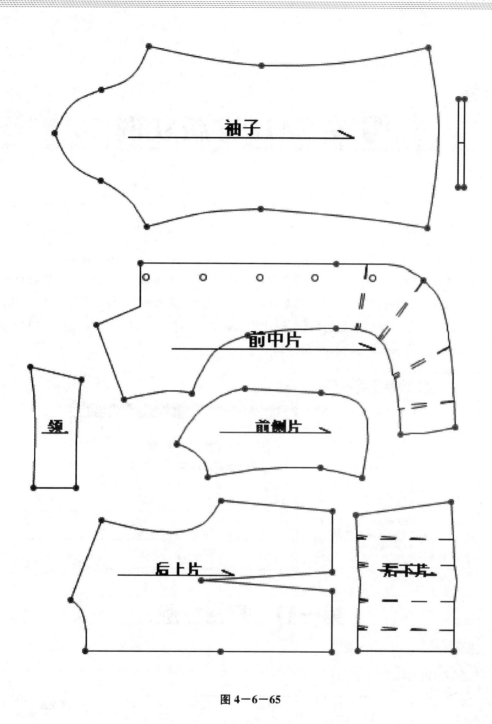

图 4—6—65

第五章

服装 CAD 推版实例

任何款式在推版前首先要进行尺码表设定。在 PDS10 主界面菜单栏里选择放码点击，出现下拉菜单，选择尺码表点击，弹出尺码对话框，点击插入，插入所需要的尺码数量，并更改尺码的名称，选择 M 号为基码（可选择任意码作为基码）。设定完尺码表后，按照点放码的原则，只需选择每个放码点，输入 dx、dy 的值即可。

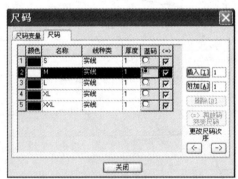

第一节　直裙推版

部位档差：

部位	裙长	腰围	臀围	臀腰深
档差	3	3	3	0.5

打版图：

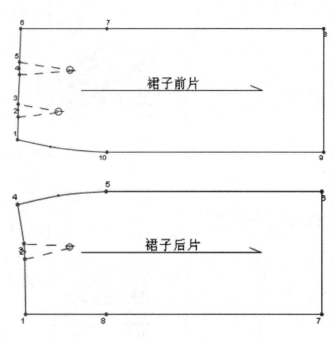

推版步骤如下：

	点编号	dx	dy	图示
后片	点 1	0	−0.5	图 5-1-1
	点 2	−0.38	−0.5	图 5-1-2
	点 3	−0.38	−0.5	图 5-1-3
	点 4	−0.75	−0.5	图 5-1-4
	点 5	−0.75	0	图 5-1-5
	点 6	−0.75	2.5	图 5-1-6
	点 7	0	2.5	图 5-1-7
	点 8	0	0	图 5-1-8
	省尖点	−0.38	−0.25	图 5-1-8
前片	点 6	0	−0.5	图 5-1-9
	点 5	0.25	−0.5	图 5-1-10
	点 4	0.25	−0.5	图 5-1-11
	点 3	0.5	−0.5	图 5-1-12
	点 2	0.5	−0.5	图 5-1-13
	点 1	0.75	−0.5	图 5-1-14
	点 10	0.75	0	图 5-1-15
	点 9	0.75	2.5	图 5-1-16
	点 8	0	2.5	图 5-1-17
	点 7	0	0	
	省尖点 1	0.25	−0.17	图 5-1-18
	省尖点 2	0.5	−0.25	图 5-1-19
腰	点 2			图 5-1-20
	点 1			图 5-1-21

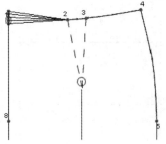

尺码	dx	dy
☑ S	0	-0.5
M	0	0
☑ L	0	0.5
☑ XL	0	0.5
☑ XXL	0	0.5

图 5-1-1

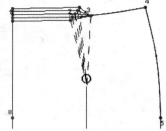

尺码	dx	dy
☑ S	-0.38	-0.5
M	0	0
☑ L	0.38	0.5
☑ XL	0.38	0.5
☑ XXL	0.38	0.5

图 5-1-2

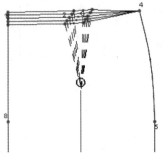

尺码	dx	dy
☑ S	-0.38	-0.5
M	0	0
☑ L	0.38	0.5
☑ XL	0.38	0.5
☑ XXL	0.38	0.5

图 5-1-3

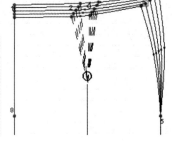

尺码	dx	dy
☑ S	-0.75	-0.5
M	0	0
☑ L	0.75	0.5
☑ XL	0.75	0.5
☑ XXL	0.75	0.5

图 5-1-4

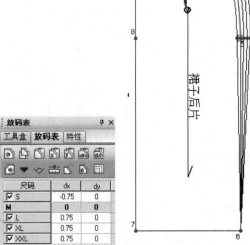

尺码	dx	dy
☑ S	-0.75	0
M	0	0
☑ L	0.75	0
☑ XL	0.75	0
☑ XXL	0.75	0

图 5-1-5

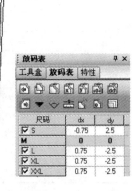

尺码	dx	dy
☑ S	-0.75	2.5
M	0	0
☑ L	0.75	-2.5
☑ XL	0.75	-2.5
☑ XXL	0.75	-2.5

图 5-1-6

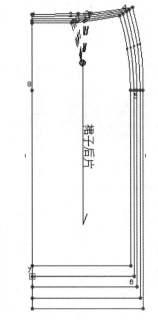

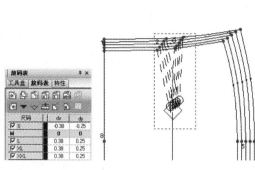

图 5－1－7

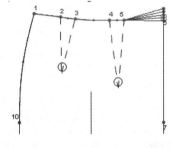

图 5－1－8

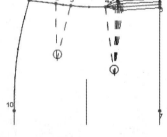

图 5－1－9

图 5－1－10

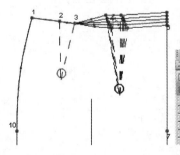

图 5－1－11

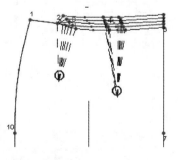

图 5－1－12

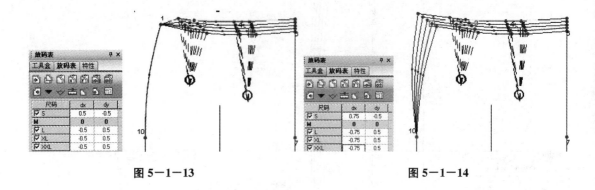

尺码	dx	dy
☑ S	0.5	-0.5
M	0	0
☑ L	-0.5	0.5
☑ XL	-0.5	0.5
☑ XXL	-0.5	0.5

图 5—1—13

尺码	dx	dy
☑ S	0.75	-0.5
M	0	0
☑ L	-0.75	0.5
☑ XL	-0.75	0.5
☑ XXL	-0.75	0.5

图 5—1—14

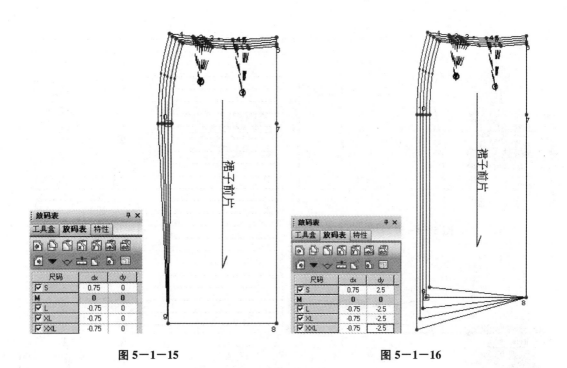

尺码	dx	dy
☑ S	0.75	0
M	0	0
☑ L	-0.75	0
☑ XL	-0.75	0
☑ XXL	-0.75	0

图 5—1—15

尺码	dx	dy
☑ S	0.75	2.5
M	0	0
☑ L	-0.75	-2.5
☑ XL	-0.75	-2.5
☑ XXL	-0.75	-2.5

图 5—1—16

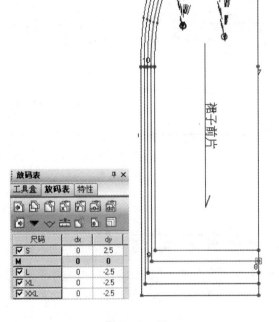

图 5—1—17

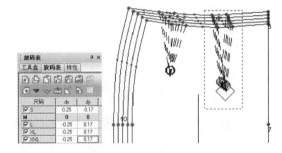

图 5—1—18

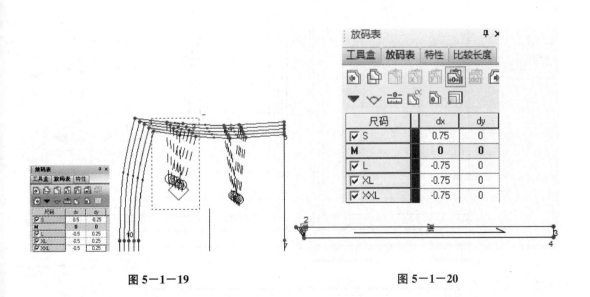

图 5—1—19

图 5—1—20

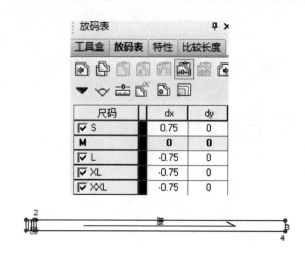

图 5—1—21

直裙推版完成图：

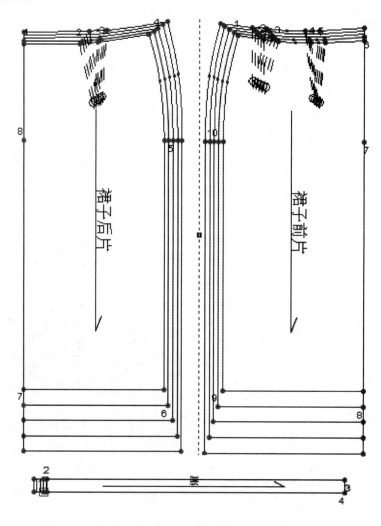

图 5—1—22

第二节 无腰女裤推版

款式图：

部位档差：

部位	裙长	腰围	臀围	臀腰深
档差	3	3	3	0.5

打版图：

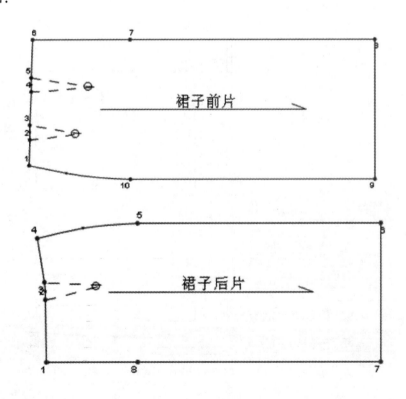

前片推版步骤如下：

	点编号	dx	dy	图示
前片	点 1	0.75	0.25	图 5—2—1
	点 2	0.75	0	图 5—2—2
	点 3	0.75	0	图 5—2—3
	点 4	0.75	−0.12	图 5—2—4
	点 5	0.75	−0.12	图 5—2—5
	点 6	0.75	−0.25	图 5—2—6
	点 7	0.25	−0.15	图 5—2—7
	点 8	0	−0.25	图 5—2—8
	点 9	−1	−0.25	图 5—2—9
	点 10	−2.25	−0.25	图 5—2—10
	点 11	−2.25	0.25	图 5—2—11
	点 12	−1	0.25	图 5—2—12
	点 13	0	0.25	图 5—2—13
	点 14	−0.25	0.25	图 5—2—14
	省尖点 1	0.5	0	图 5—2—15
	省尖点 2	0.5	−0.12	图 5—2—16

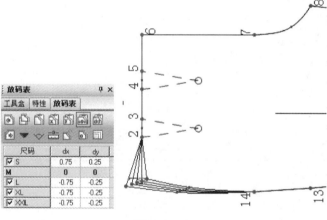

图 5—2—1

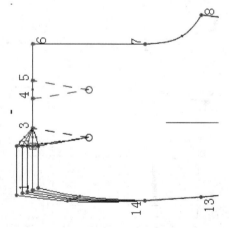

图 5—2—2

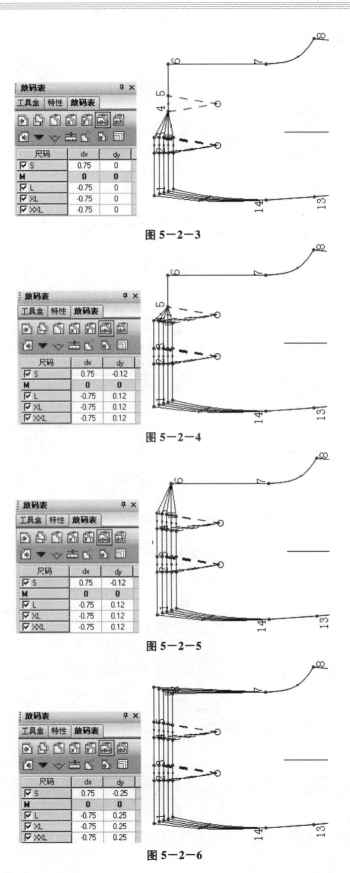

图 5-2-3

图 5-2-4

图 5-2-5

图 5-2-6

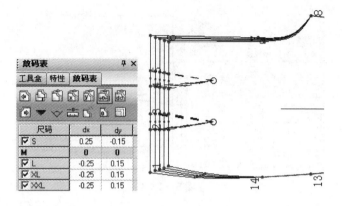

图 5—2—7

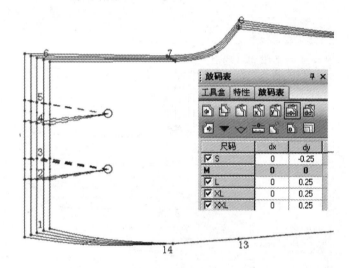

图 5—2—8

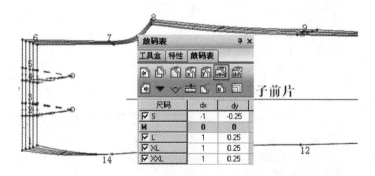

图 5—2—9

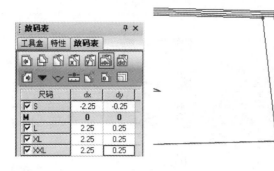

图 5—2—10

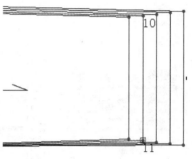

图 5—2—11

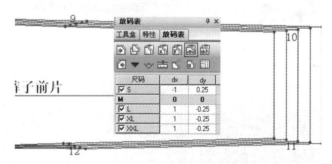

图 5—2—12

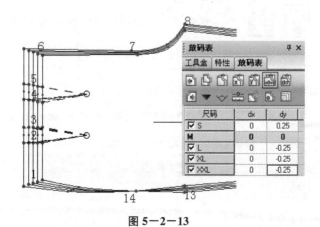

图 5—2—13

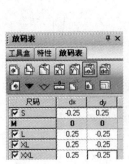

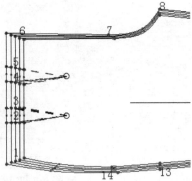

尺码		dx	dy
☑ S		-0.25	0.25
M		0	0
☑ L		0.25	-0.25
☑ XL		0.25	-0.25
☑ XXL		0.25	-0.25

图 5—2—14

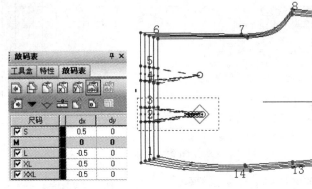

尺码		dx	dy
☑ S		0.5	0
M		0	0
☑ L		-0.5	0
☑ XL		-0.5	0
☑ XXL		-0.5	0

图 5—2—15

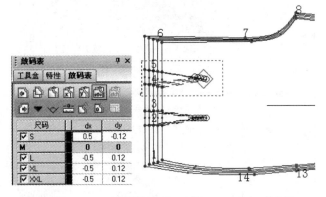

尺码		dx	dy
☑ S		0.5	-0.12
M		0	0
☑ L		-0.5	0.12
☑ XL		-0.5	0.12
☑ XXL		-0.5	0.12

图 5—2—16

裤子前片推版完成图：

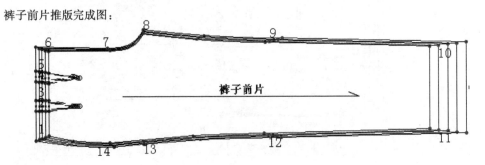

裤子前片

后片推版步骤如下：

	点编号	dx	dy	图示
	点 1	0.75	0.05	图 5—2—17
	点 2	0.75	0	图 5—2—18
	点 3	0.75	0	图 5—2—19
	点 4	0.75	−0.25	图 5—2—20
	点 5	0.75	−0.25	图 5—2—21
	点 6	0.75	−0.45	图 5—2—22
	点 7	0.25	−0.3	图 5—2—23
后片	点 8	0	−0.3	图 5—2—24
	点 9	−1	−0.25	图 5—2—25
	点 10	−2.25	−0.25	图 5—2—26
	点 11	−2.25	0.25	图 5—2—27
	点 12	−1	0.25	图 5—2—28
	点 13	0	0.3	图 5—2—29
	点 14	0.25	0.1	图 5—2—30
	省尖点 1	0.5	0	图 5—2—31
	省尖点 2	0.5	−0.25	图 5—2—32

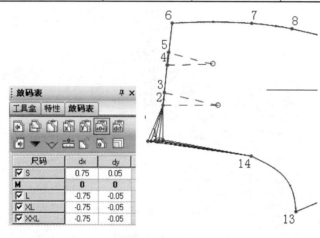

图 5—2—17

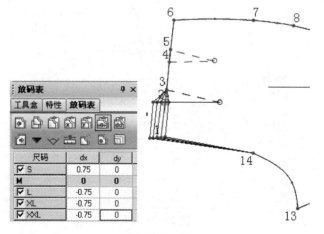

图 5—2—18

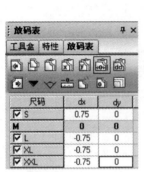
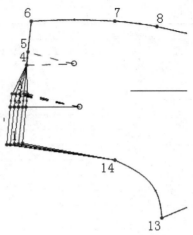

图 5—2—19

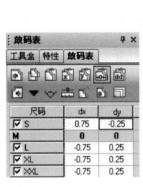
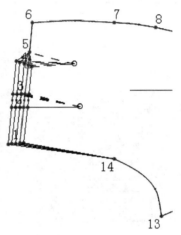

图 5—2—20

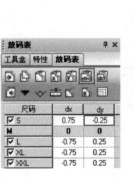
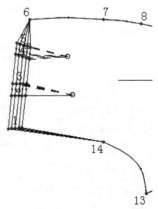

图 5—2—21

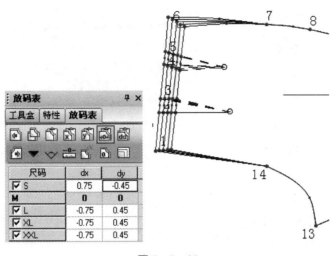

尺码	dx	dy
☑ S	0.75	-0.45
M	0	0
☑ L	-0.75	0.45
☑ XL	-0.75	0.45
☑ XXL	-0.75	0.45

图 5—2—22

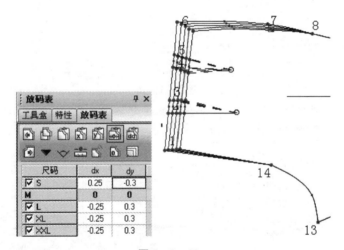

尺码	dx	dy
☑ S	0.25	-0.3
M	0	0
☑ L	-0.25	0.3
☑ XL	-0.25	0.3
☑ XXL	-0.25	0.3

图 5—2—23

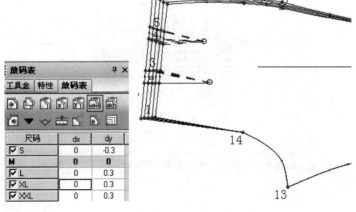

尺码	dx	dy
☑ S	0	-0.3
M	0	0
☑ L	0	0.3
☑ XL	0	0.3
☑ XXL	0	0.3

图 5—2—24

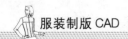

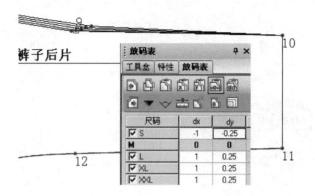

图 5－2－25

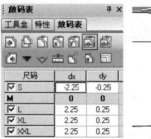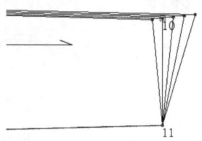

图 5－2－26

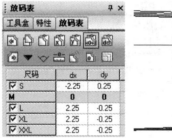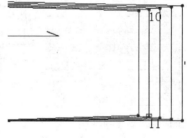

图 5－2－27

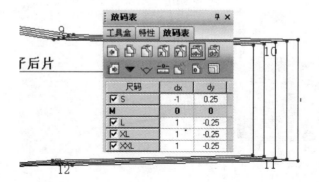

图 5－2－28

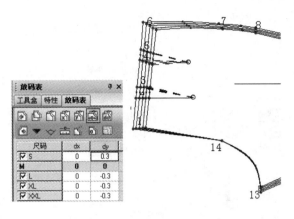

图 5—2—29

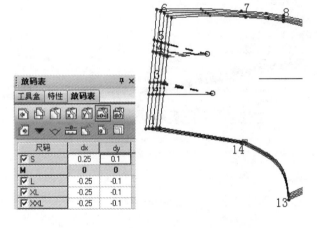

图 5—2—30

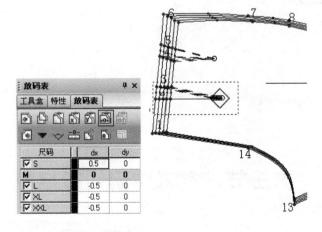

图 5—2—31

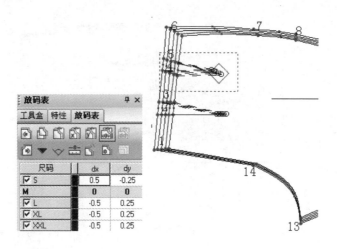

图 5—2—32

无腰女裤推版完成图：

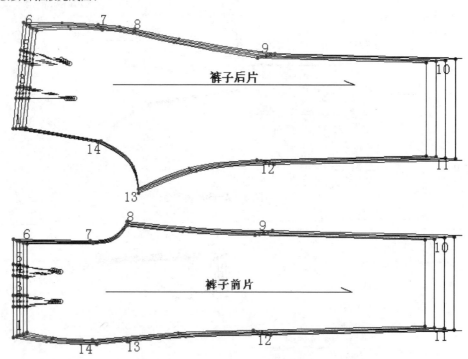

第三节　女式休闲衬衫推版

部位档差：

部位	衣长	胸围	肩宽	袖长	领围
档差	2	4	1	1.5	1

款式图：

打版图：

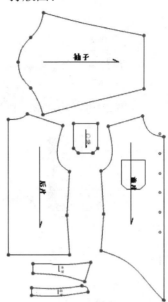

后片推版步骤如下：

	点编号	dx	dy	图示
后片	点 1	0	−0.5	图 5-3-1
	点 2	−0.2	−0.5	图 5-3-2
	点 3	−0.5	−0.5	图 5-3-3
	点 4	−1	0	图 5-3-4
	点 5	−1	0.5	图 5-3-5
	点 6	−1	1.5	图 5-3-6
	点 7	0	1.5	图 5-3-7

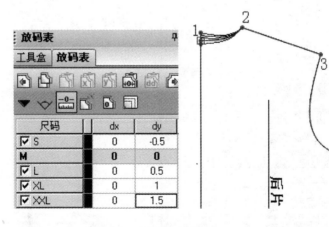

图 5-3-1

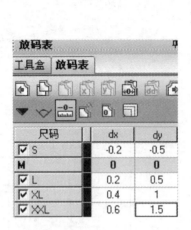
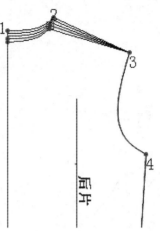

图 5—3—2

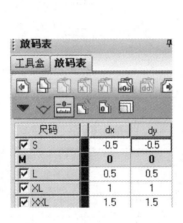
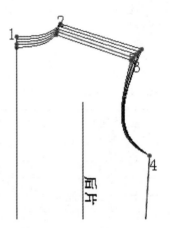

图 5—3—3

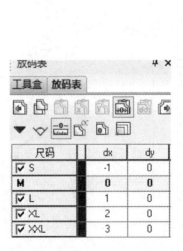
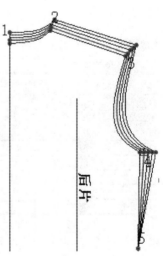

图 5—3—4

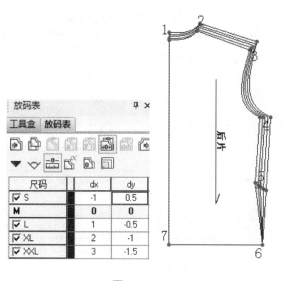

尺码	dx	dy
☑ S	-1	0.5
M	**0**	**0**
☑ L	1	-0.5
☑ XL	2	-1
☑ XXL	3	-1.5

图 5—3—5

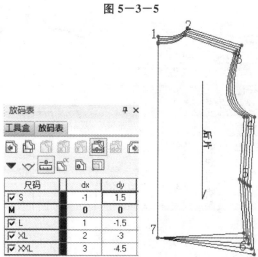

尺码	dx	dy
☑ S	-1	1.5
M	**0**	**0**
☑ L	1	-1.5
☑ XL	2	-3
☑ XXL	3	-4.5

图 5—3—6

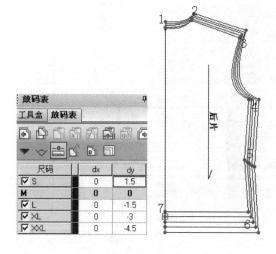

尺码	dx	dy
☑ S	0	1.5
M	**0**	**0**
☑ L	0	-1.5
☑ XL	0	-3
☑ XXL	0	-4.5

图 5—3—7

前片推版步骤如下：

	点编号	dx	dy	图示
前片	点 2	0.2	－0.5	图 5－3－8
	点 1	0.5	－0.5	图 5－3－9
	点 7	1	0	图 5－3－10
	点 6	1	0.5	图 5－3－11
	点 5	1	1.5	图 5－3－12
	点 4	0	1.5	图 5－3－13
	点 3	0	－0.3	图 5－3－14
	扣子	0	－0.3	图 5－3－15

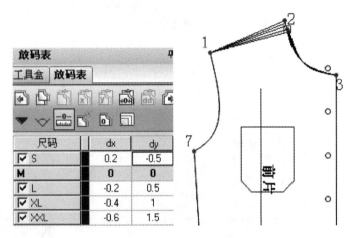

图 5－3－8

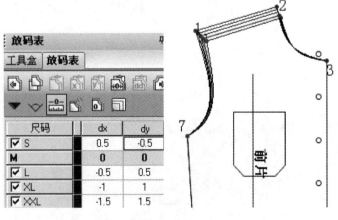

图 5－3－9

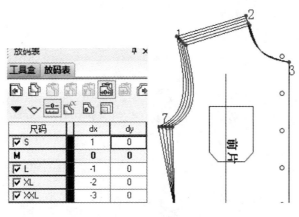

尺码	dx	dy
☑ S	1	0
M	**0**	**0**
☑ L	-1	0
☑ XL	-2	0
☑ XXL	-3	0

图 5—3—10

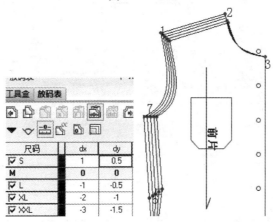

尺码	dx	dy
☑ S	1	0.5
M	**0**	**0**
☑ L	-1	-0.5
☑ XL	-2	-1
☑ XXL	-3	-1.5

图 5—3—11

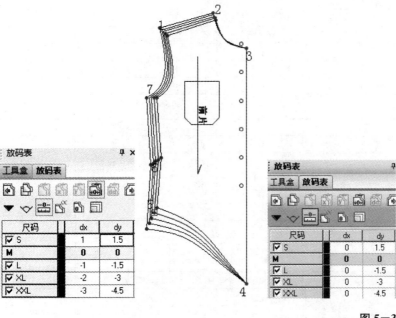

尺码	dx	dy
☑ S	1	1.5
M	**0**	**0**
☑ L	-1	-1.5
☑ XL	-2	-3
☑ XXL	-3	-4.5

图 5—3—12

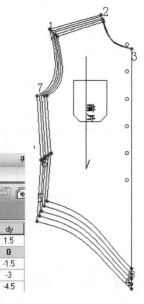

尺码	dx	dy
☑ S	0	1.5
M	**0**	**0**
☑ L	0	-1.5
☑ XL	0	-3
☑ XXL	0	-4.5

图 5—3—13

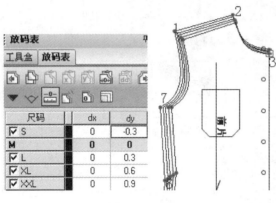

图 5—3—14　　　　　　　　图 5—3—15

口袋、袖、领推版步骤如下：

	点编号	dx	dy	图示
口袋	点 3	−0.5	0	图 5—3—16
	点 4	−0.5	0.5	图 5—3—17
	点 5	−0.5	0.5	图 5—3—18
	点 6	−0.5	0.5	图 5—3—19
	点 1	0	0.5	图 5—3—20
	点 2	0	0	

续表

	点编号	dx	dy	图示
袖子	点 1	0	−0.5	图 5—3—21
	点 2	−0.5	−0.25	图 5—3—22
	点 3	−1	0	图 5—3—23
	点 4	−0.5	1	图 5—3—24
	点 5	0.5	1	图 5—3—25
	点 6	1	0	图 5—3—26
	点 7	0.5	−0.25	图 5—3—27
底领	点 1	0.5	0	图 5—3—28
	点 4	0.5	0	图 5—3—29
衣领	点 1	0.5	0	图 5—3—30
	点 4	0.5	0	图 5—3—31

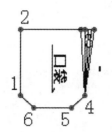

图 5－3－16

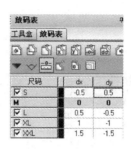
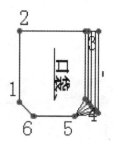

图 5－3－17

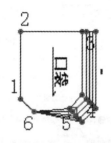

图 5－3－18

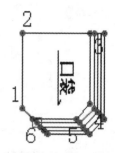

图 5－3－19

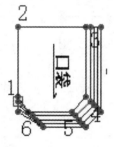

图 5－3－20

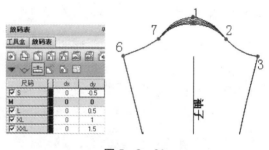

图 5－3－21

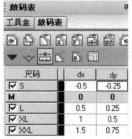
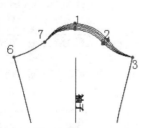

图 5－3－22

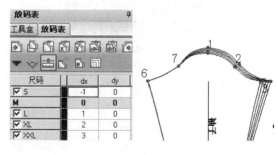

图 5－3－23

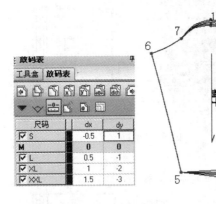

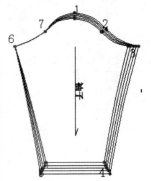

图 5—3—24

图 5—3—25

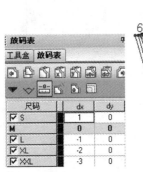

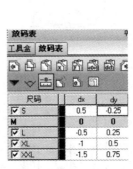

图 5—3—26

图 5—3—27

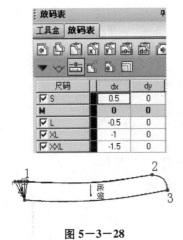

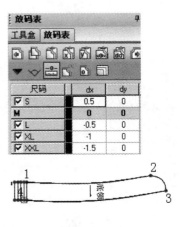

图 5—3—28

图 5—3—29

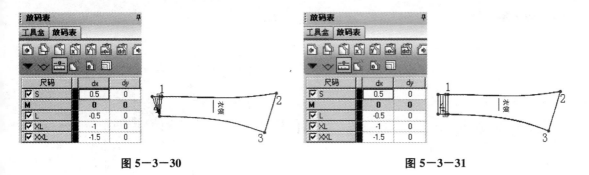

<table>
<tr><td>图 5－3－30</td><td>图 5－3－31</td></tr>
</table>

女式休闲衬衫推版完成图：

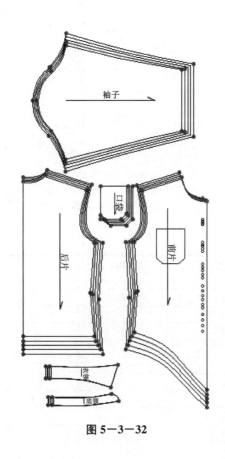

图 5－3－32

第四节 领圈抽褶无袖连衣裙推版

部位档差：

部位	衣长	胸围	肩宽	袖长	领围
档差	3	3	3	3	1

款式图：　　　　　　　　　　　　　　打版图：

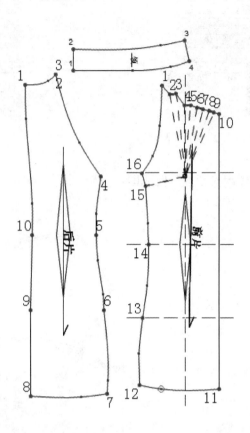

推版步骤如下：

	点编号	dx	dy	图示
后片	点 1	0	−0.5	图 5−4−1
	点 2	−0.2	−0.5	图 5−4−2
	点 3	−0.75	0	图 5−4−3
	点 4	−0.75	0.5	图 5−4−4
	点 5	−0.75	1	图 5−4−5
	点 6	−0.75	2.5	图 5−4−6
	点 7	0	2.5	图 5−4−7
	点 8	0	1	图 5−4−8
	点 9	0	0.5	图 5−4−8
前片	点 1	0.2	−0.5	图 5−4−9
	点 7	0.75	0	图 5−4−10
	点 6	0.75	0.5	图 5−4−11
	点 5	0.75	1	图 5−4−12
	点 4	0.75	2.5	图 5−4−13
	点 3	0	2.5	图 5−4−14
	点 2	0	−0.3	图 5−4−15
领	点 2	0.5	0	图 5−4−16
	点 1	0.5	0	图 5−4−17

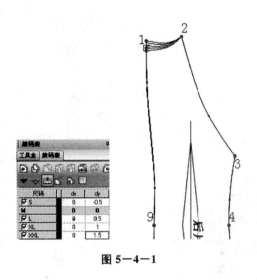

图 5—4—1

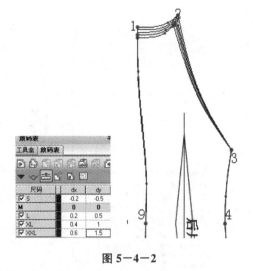

图 5—4—2

图 5—4—3

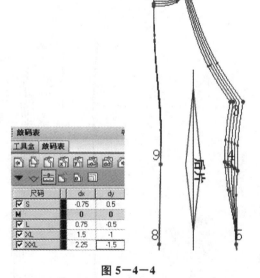

图 5—4—4

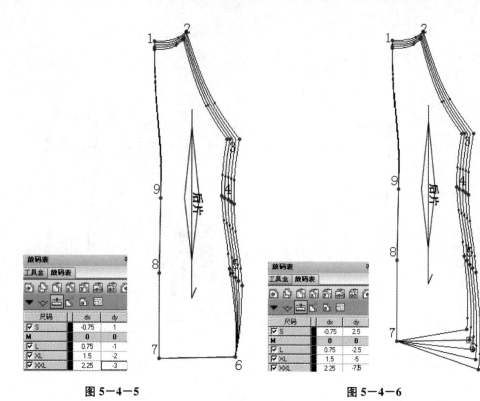

尺码	dx	dy
☑ S	-0.75	1
M	**0**	**0**
☑ L	0.75	-1
☑ XL	1.5	-2
☑ XXL	2.25	-3

图 5—4—5

尺码	dx	dy
☑ S	-0.75	2.5
M	**0**	**0**
☑ L	0.75	-2.5
☑ XL	1.5	-5
☑ XXL	2.25	-7.5

图 5—4—6

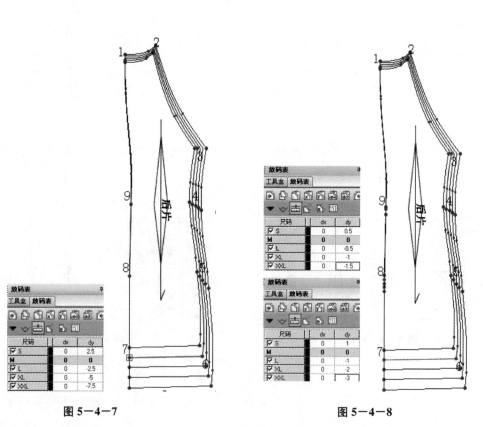

尺码	dx	dy
☑ S	0	2.5
M	**0**	**0**
☑ L	0	-2.5
☑ XL	0	-5
☑ XXL	0	-7.5

图 5—4—7

尺码	dx	dy
☑ S	0	0.5
M	**0**	**0**
☑ L	0	-0.5
☑ XL	0	-1
☑ XXL	0	-1.5

尺码	dx	dy
☑ S	0	1
M	**0**	**0**
☑ L	0	-1
☑ XL	0	-2
☑ XXL	0	-3

图 5—4—8

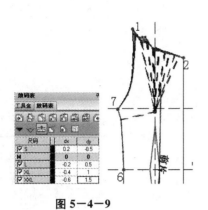

尺码	dx	dy
S	0.2	-0.5
M	0	0
L	-0.2	0.5
XL	-0.4	1
XXL	-0.6	1.5

图 5—4—9

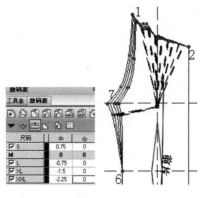

尺码	dx	dy
S	0.75	0
M	0	0
L	-0.75	0
XL	-1.5	0
XXL	-2.25	0

图 5—4—10

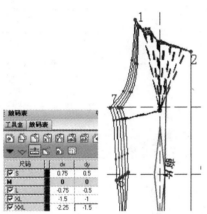
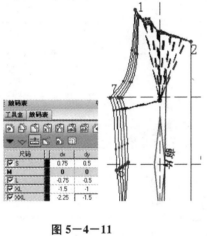

尺码	dx	dy
S	0.75	0.5
M	0	0
L	-0.75	-0.5
XL	-1.5	-1
XXL	-2.25	-1.5

图 5—4—11

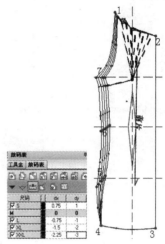

尺码	dx	dy
S	0.75	1
M	0	0
L	-0.75	-1
XL	-1.5	-2
XXL	-2.25	-3

图 5—4—12

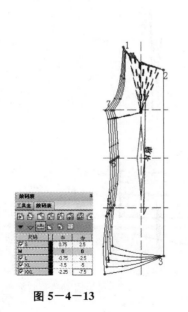

尺码	dx	dy
S	0.75	2.5
M	0	0
L	-0.75	-2.5
XL	-1.5	-5
XXL	-2.25	-7.5

图 5—4—13

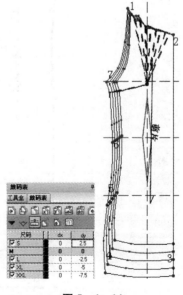

尺码	dx	dy
S	0	2.5
M	0	0
L	0	-2.5
XL	0	-5
XXL	0	-7.5

图 5—4—14

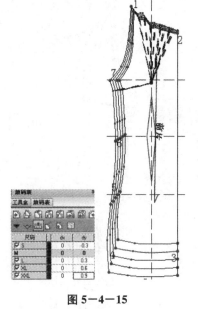

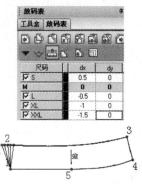

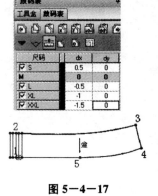

图 5-4-15　　　　　　　　　　图 5-4-16　　　　　　　　　图 5-4-17

领圈抽褶无袖连衣裙推版完成图：

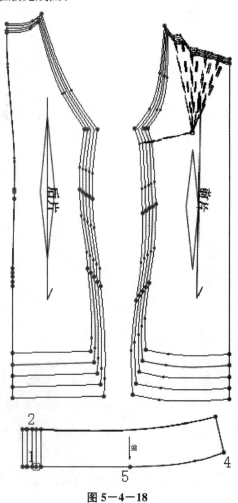

图 5-4-18

第五节　分割线茄克推版

部位档差:

部位	衣长	胸围	肩宽	袖长	袖口	腰围	袖肥	领围
档差	2.0	4.0	1.0	1.5	1.0	4.0	1.0	1

款式图:　　　　　　　　　　　　　打版图:

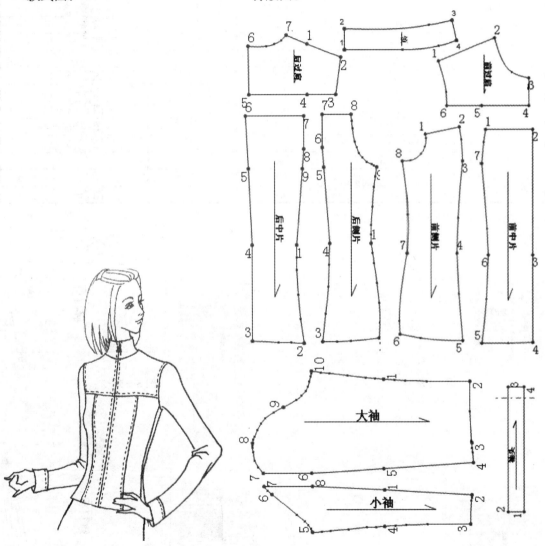

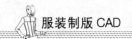
后片推版步骤如下：

	点编号	dx	dy	图示
后过肩	点 2	0	−0.5	图 5−5−1
	点 3	−0.2	−0.5	图 5−5−2
	点 4	−0.5	−0.4	图 5−5−3
	点 5	−0.6	0	图 5−5−4
后中片	点 1	0	0	
	点 3	−0.5	0	图 5−5−5
	点 4	−0.5	0.5	图 5−5−6
	点 5	−0.5	0.5	图 5−5−7
	点 6	−0.5	1.5	图 5−5−8
	点 7	0	1.5	图 5−5−9
	点 1	0	0.5	图 5−5−10
	点 2	0	0	
后侧片	点 8	0.5	−0.5	图 5−5−11
	点 7	0.5	0	图 5−5−12
	点 6	0.5	0	图 5−5−13
	点 5	0.5	1	图 5−5−14
	点 4	0	1	图 5−5−15
	点 3	0	0	
	点 2	0	0	
	点 1	0.4	−0.5	图 5−5−16

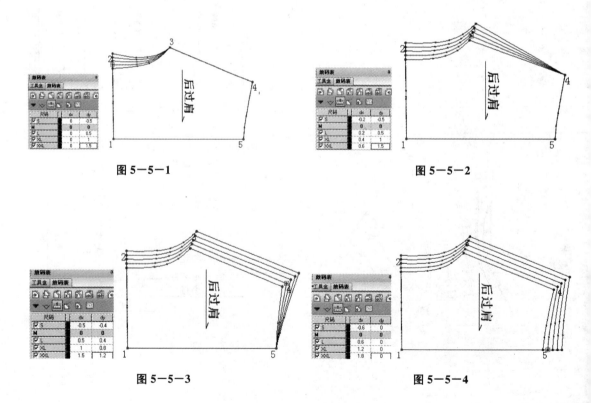

图 5−5−1   图 5−5−2

图 5−5−3   图 5−5−4

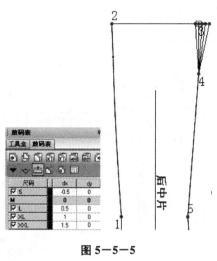

图 5—5—5

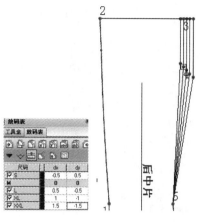

图 5—5—6

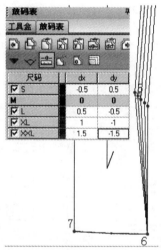

图 5—5—7

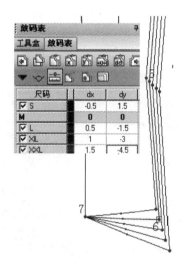

图 5—5—8

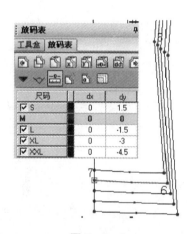

图 5—5—9

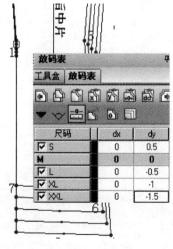

图 5—5—10

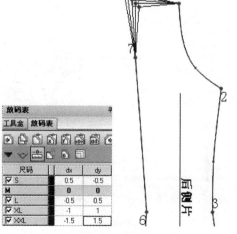

图 5—5—11

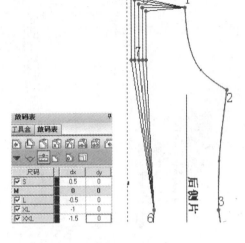

图 5—5—12

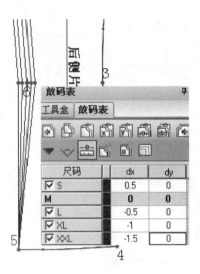

图 5—5—13

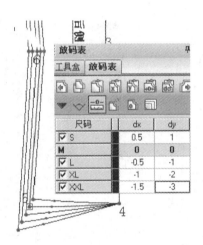

图 5—5—14

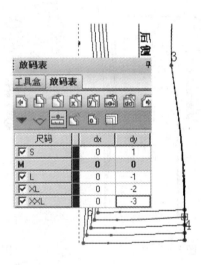

图 5—5—15

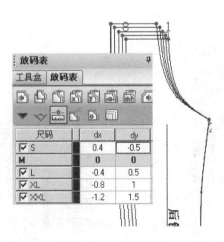

图 5—5—16

前片推版步骤如下：

	点编号	dx	dy	图示
前过肩	点2	0.2	−0.6	图5−5−17
	点1	0.5	−0.5	图5−5−18
	点5	0.6	0	图5−5−19
	点4	0	0	
	点3	0	0.4	图5−5−20
前中片	点1	0.5	0	图5−5−21
	点7	0.5	0.4	图5−5−22
	点6	0.5	0.4	图5−5−23
	点5	0.5	1.4	图5−5−24
	点4	0	1.4	图5−5−25
	点3	0	0.4	
	点2	0	0	
前侧片	点2	−0.5	−0.4	图5−5−26
	点3	−0.5	0	图5−5−27
	点4	−0.5	0	图5−5−28
	点5	−0.5	1	图5−5−29
	点6	0	1	图5−5−30
	点7	0	0	
	点8	0	0	
	点1	−0.4	−0.4	图5−5−31

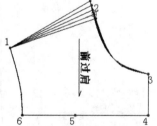

图5−5−17

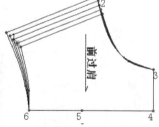

图5−5−18

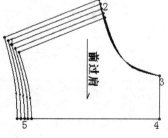

图5−5−19

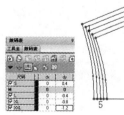

图5−5−20

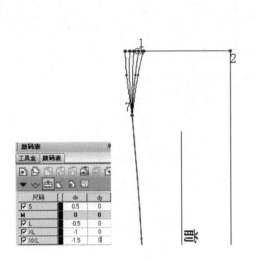

图 5—5—21

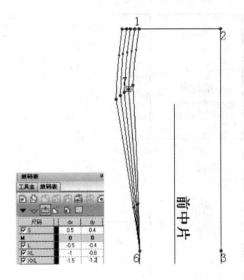

图 5—5—22

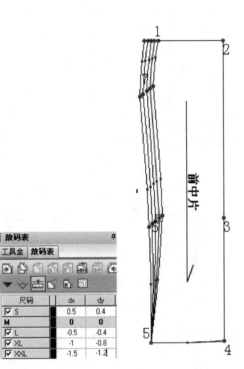

图 5—5—23

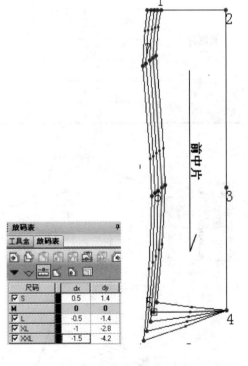

图 5—5—24

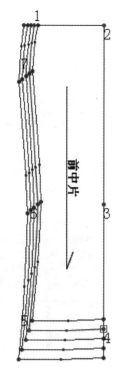
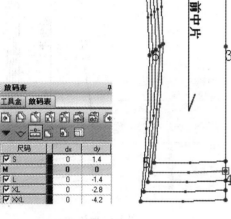

图 5—5—25

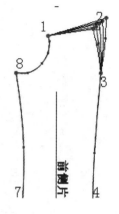

图 5—5—26

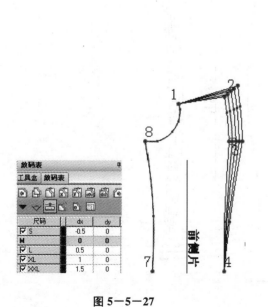

图 5—5—27

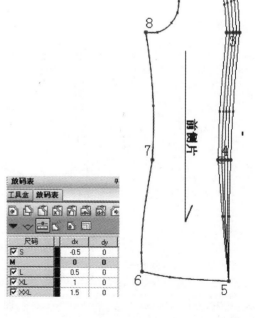

图 5—5—28

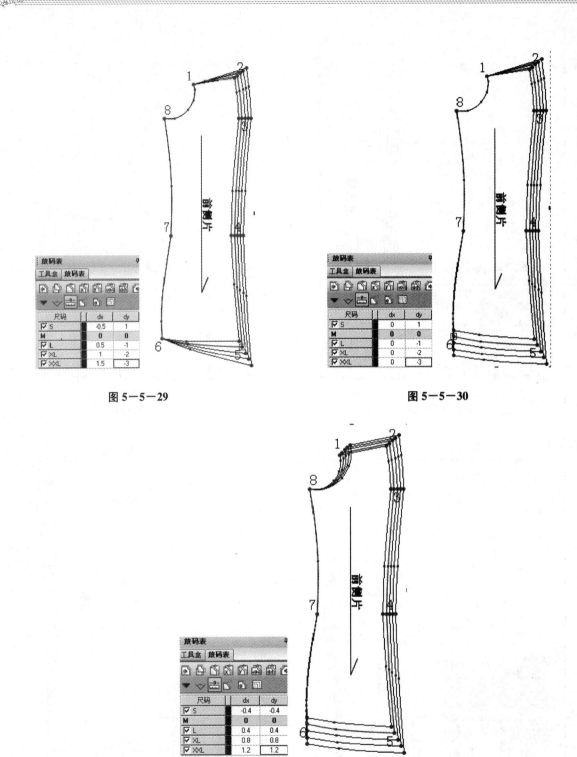

图 5—5—29

图 5—5—30

图 5—5—31

袖子、领推版步骤如下：

	点编号	dx	dy	图示
领	点 2	0.5	0	图 5—5—32
	点 1	0.5	0	图 5—5—33
袖头	点 2	0.5	0	图 5—5—34
	点 1	0.5	0	图 5—5—35
大袖	点 8	0	−0.5	图 5—5—36
	点 9	−0.5	−0.25	图 5—5—37
	点 10	−1	0	图 5—5—38
	点 1	−0.75	1	图 5—5—39
	点 2	−0.5	1.5	图 5—5—40
	点 3	0	1.5	图 5—5—41
	点 4	0.5	1.5	图 5—5—42
	点 5	0.5	1	图 5—5—43
	点 6	0.5	0	图 5—5—44
	点 7	0.5	−0.5	图 5—5—45
小袖	点 7	−0.5	−0.5	图 5—5—46
	点 8	−0.5	0	图 5—5—47
	点 1	−0.25	1	图 5—5—48
	点 2	0	1.5	图 5—5—49
	点 3	0	1.5	图 5—5—50
	点 4	0	1	图 5—5—51
	点 5	0	0	
	点 6	−0.5	−0.5	

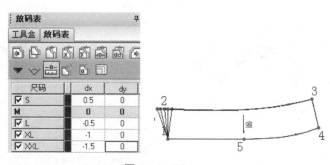

图 5—5—32

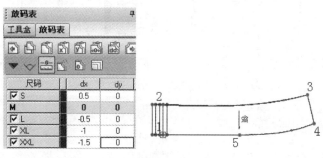

图 5—5—33

图 5-5-34

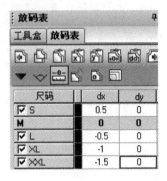

图 5-5-35

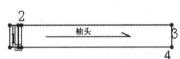

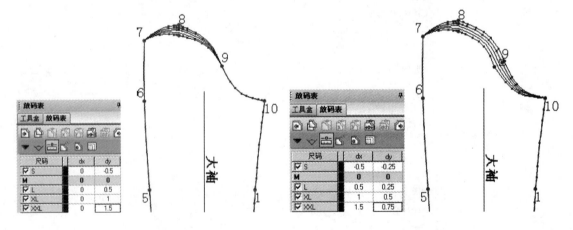

图 5-5-36   图 5-5-37

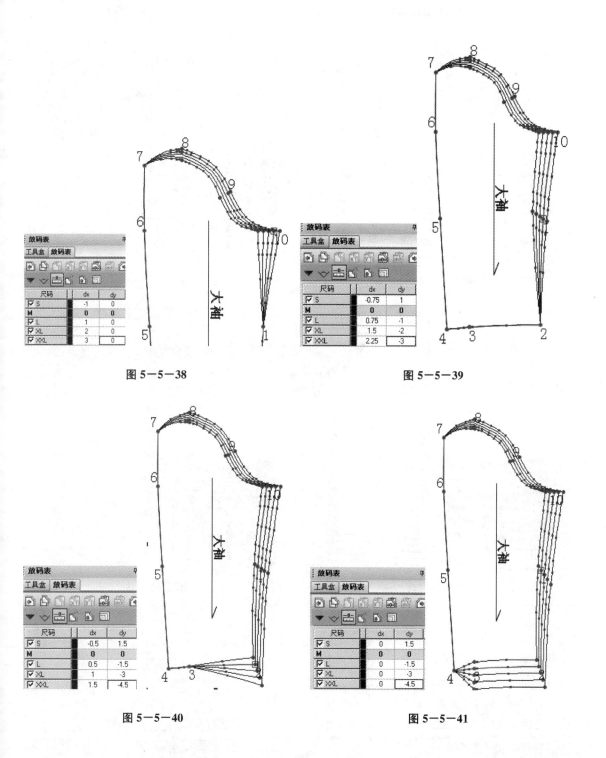

图 5-5-38

图 5-5-39

图 5-5-40

图 5-5-41

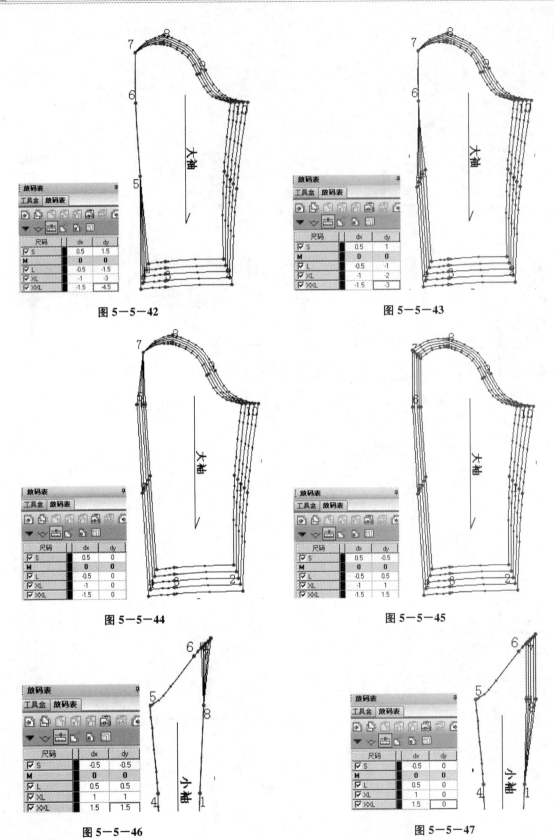

图 5—5—42

图 5—5—43

图 5—5—44

图 5—5—45

图 5—5—46

图 5—5—47

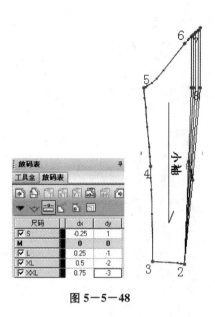

图 5－5－48

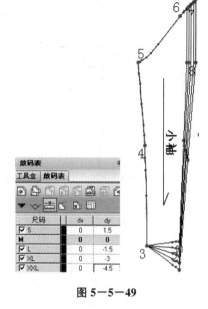

图 5－5－49

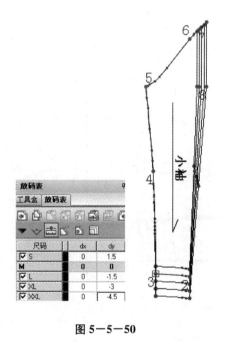

图 5－5－50

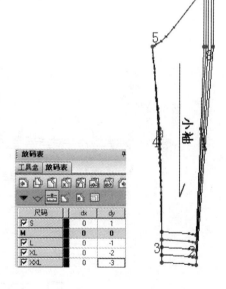

图 5－5－51

分割线茄克推版完成图：

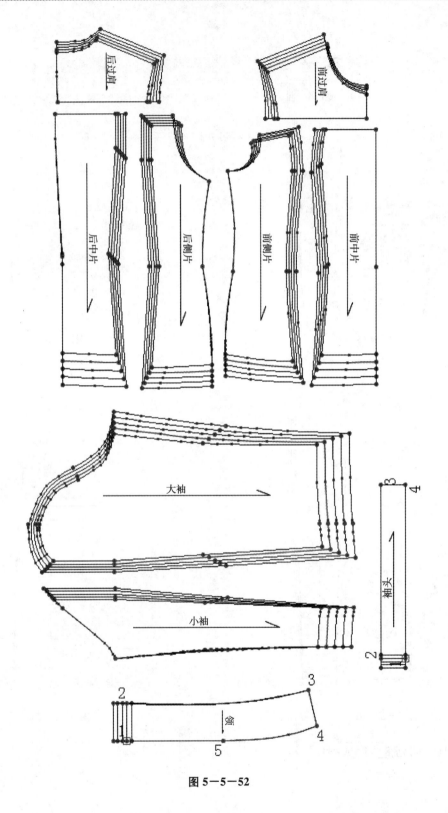

图 5—5—52

第六节　抽褶圆摆小西装推版

部位档差：

部位	衣长	胸围	肩宽	袖长	领围
档差	2	4	1	1.5	1

款式图：

打版图：

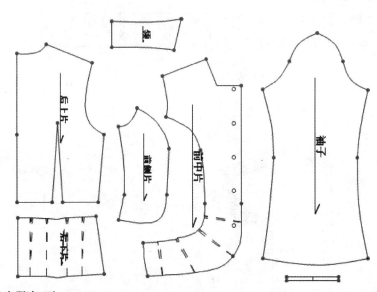

后片推版步骤如下：

	点编号	dx	dy	图示
	点4	0	−0.5	图5−6−1
	点5	−0.2	−0.5	图5−6−2
	点6	−0.5	−0.5	图5−6−3
	点7	−0.75	0	图5−6−4
后上片	点8	−0.75	0.5	图5−6−5
	点9	−0.38	0.5	图5−6−6
	点10	−0.38	0	图5−6−7
	点1	−0.38	0.5	图5−6−8
	点2	0	0.5	图5−6−9
	点3	0	0	

续表

	点编号	dx	dy	图示
后下片	点 1	−0.75	0	图 5—6—10
	点 2	−0.75	1	图 5—6—11
	点 3	0	1	图 5—6—12
	点 4	0	0	

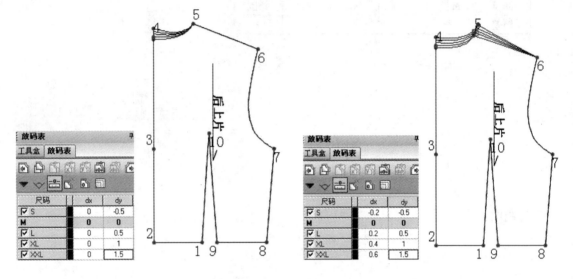

图 5—6—1   图 5—6—2

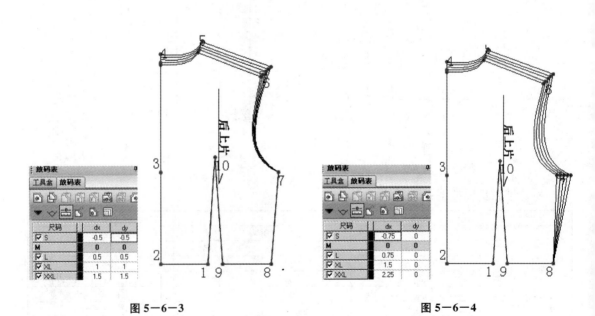

图 5—6—3   图 5—6—4

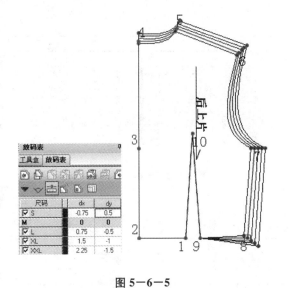

图 5—6—5

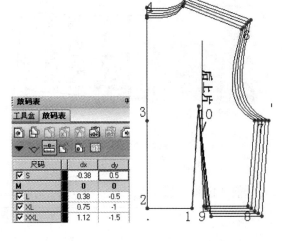

图 5—6—6

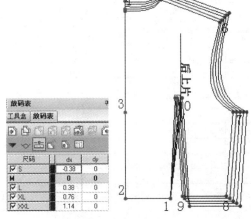

图 5—6—7

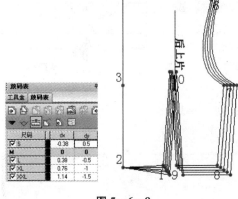

图 5—6—8

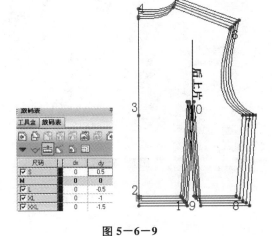

图 5—6—9

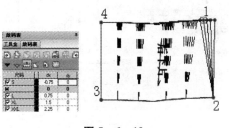

图 5—6—10

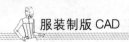
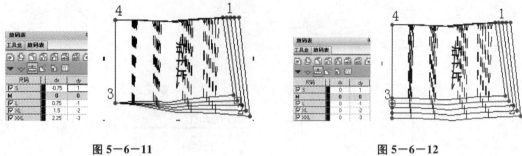

图 5—6—11　　　　　　　　　　　　图 5—6—12

前片推版步骤如下：

	点编号	dx	dy	图示
前中片	点 8	0	−0.3	图 5—6—13
	点 7	0.2	−0.7	图 5—6—14
	点 6	0.5	−0.5	图 5—6—15
	点 5	0.6	−0.2	图 5—6—16
	点 4	0.38	0	图 5—6—17
	点 3	0.38	0.5	图 5—6—18
	点 2	0.75	1	图 5—6—19
	点 1	0.75	1	图 5—6—20
	点 10	0	1	图 5—6—21
	点 9	0	0.5	图 5—6—22
	扣子	0	0.4	图 5—6—23
前侧片	点 5	−0.15	−0.2	图 5—6—24
	点 6	−0.38	0	图 5—6—25
	点 1	−0.38	0.5	图 5—6—26
	点 2	0	0.5	图 5—6—27
	点 3	0	0.5	图 5—6—28
	点 4	0	0	

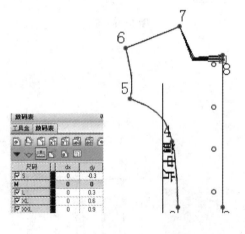

图 5—6—13

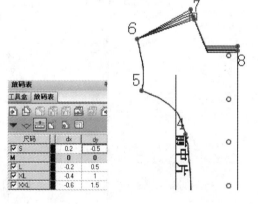

图 5—6—14

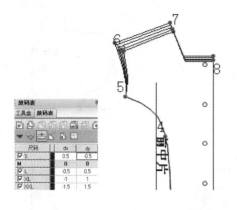

图 5—6—15

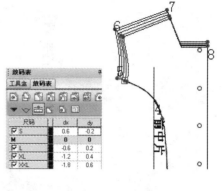

图 5—6—16

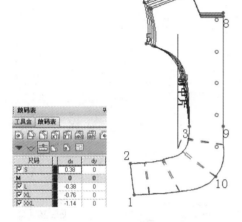

图 5—6—17

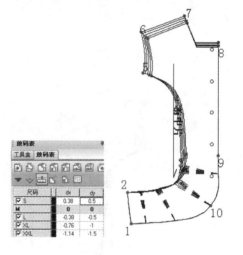

图 5—6—18

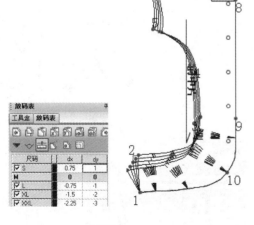

图 5—6—19

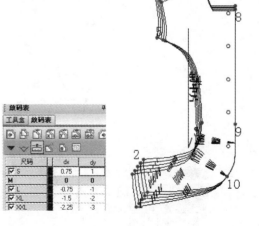

图 5—6—20

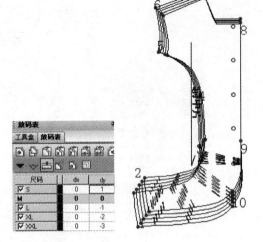

图 5—6—21

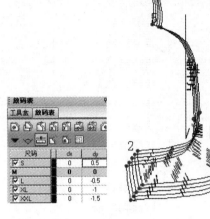

图 5—6—22

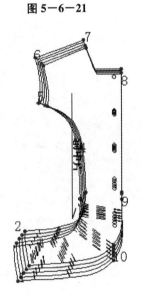

图 5—6—23

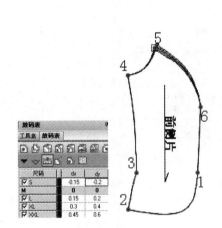

图 5—6—24

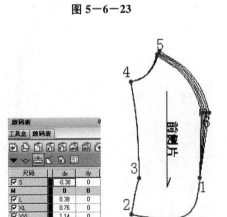

图 5—6—25

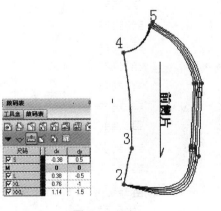

图 5—6—26

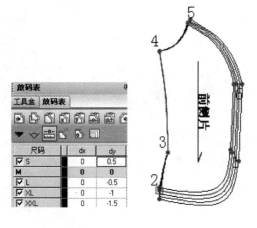

图 5—6—27

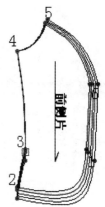

图 5—6—28

袖子、领子推版步骤如下：

	点编号	dx	dy	图示
袖子	点 1	0	−0.5	图 5—6—29
	点 2	−0.38	−0.25	图 5—6—30
	点 3	−0.75	0	图 5—6—31
	点 4	−0.75	0.25	图 5—6—32
	点 5	−0.75	1	图 5—6—33
	点 6	0.75	1	图 5—6—34
	点 7	0.75	0.25	图 5—6—35
	点 8	0.75	0	图 5—6—36
	点 9	0.38	0.26	图 5—6—37
领子	点 1	0.5	0	图 5—6—38
	点 4	0.5	0	图 5—6—39

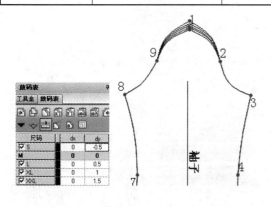

图 5—6—29

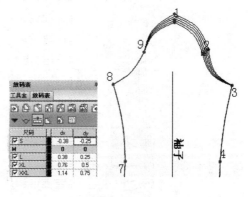

图 5—6—30

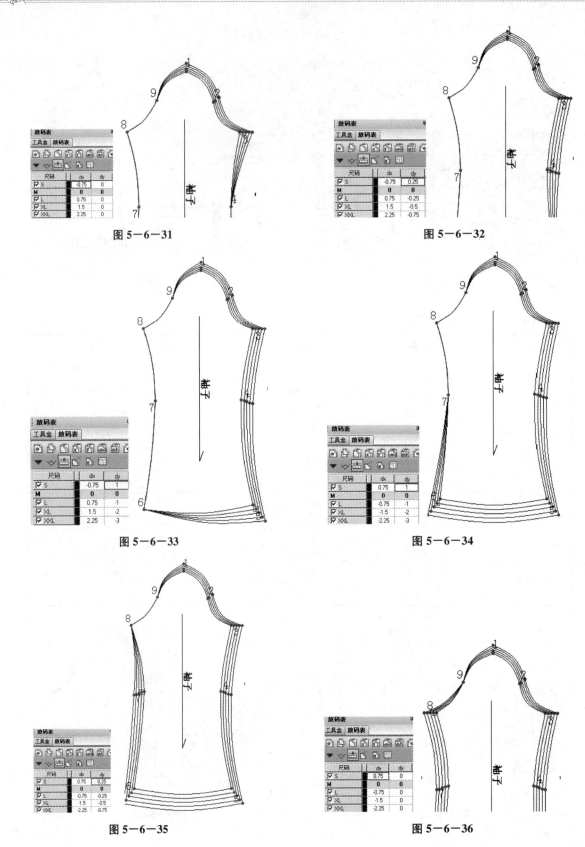

图 5-6-31

图 5-6-32

图 5-6-33

图 5-6-34

图 5-6-35

图 5-6-36

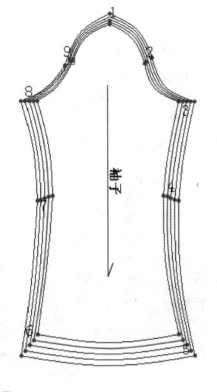

图 5—6—37

图 5—6—38

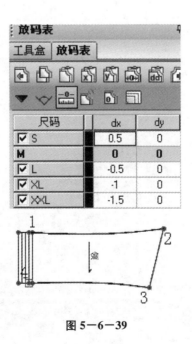

图 5—6—39

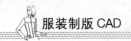

抽褶圆摆小西装推版完成图：

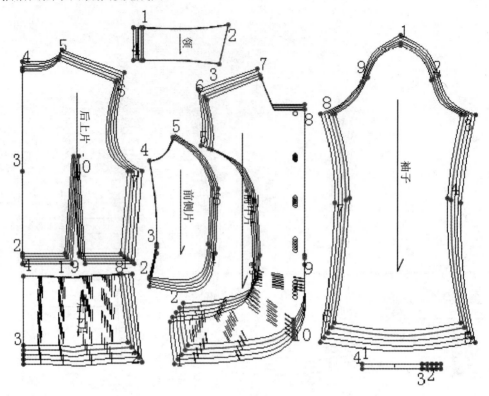

图 5—6—40

参考文献

1. 王建萍,王红. 服装 CAD 基础知识讲座. 中外缝制设备,1998(2)－(5)

2. 吴俊. 国产服装 CAD 的应用推广探析. 郑州纺织工学院学报,第 9 卷第 4 期,1998(12)

3. 潘波. 服装工业制板. 中国纺织出版社,北京:2006

4. 赵俐. 针织服装结构 CAD 设计. 北京:2009

5. 王兴平,王兴黎. 服装工业打板技术全编. 上海:2009